DIE ENTWICKELUNG

DER

AUTOMATISCHEN TELEGRAPHIE.

VON

Dr. KARL EDUARD ZETZSCHE.

MIT 41 IN DEN TEXT GEDRUCKTEN HOLZSCHNITTEN.

BERLIN 1875.

VERLAG VON JULIUS SPRINGER.

MONBIJOUPLATZ 3.

ISBN-13:978-3-642-90596-4   e-ISBN-13:978-3-642-92454-5
DOI: 10.1007/978-3-642-92454-5

Vorwort.

Die Kürze und Lückenhaftigkeit, mit welcher ich in meinem
„Kurzen Abriss der Geschichte der elektrischen Telegraphie" (Berlin 1874) die automatischen Telegraphen, trotz deren hoher Be-
deutung für den Telegraphenbetrieb, zu behandeln genöthigt war,
liess mir eine ausführlichere Schilderung dieses Gebietes der Geschichte der elektrischen Telegraphie als nicht unzweckmässig
erscheinen. Nachdem diese Schilderung in den ersten diesjähri-
gen Nummern der Deutschen Allgemeinen Polytechnischen Zeitung
abgedruckt worden ist, habe ich dieselbe nochmals überarbeitet
und empfehle ihren an vielen Stellen ergänzten und wesentlich
erweiterten Wiederabdruck einer wohlwollenden Aufnahme.

Chemnitz, Ende März 1875.

E. Z.

1*

Bei der automatischen Telegraphie werden die zum Telegraphiren. erforderlichen elektrischen Ströme durch besondere Apparate der Telegraphenleitung automatisch zugeführt. Durch eine solche automatische Stromsendung aber lässt sich neben grösserer Richtigkeit und Regelmässigkeit der telegraphischen Zeichen zugleich eine möglichst vollständige Ausnutzung der vorhandenen Telegraphenleitungen erreichen, um so mehr, je grösser die Anzahl von Telegrammen ist, welche dieselben zwei Stationen auszutauschen haben.

Auch in der Telegraphie besitzt nämlich die Maschinenarbeit die bekannten Vorzüge vor der Handarbeit. So lange daher beim Telegraphiren mit irgend einem Telegraphen die zur Hervorbringung der telegraphischen Zeichen nöthigen elektrischen Ströme durch die Hand des Telegraphisten abgesendet werden, so lange werden sich das Geschick sowohl wie die Uebung, und in gleicher Weise auch die von dem Einflusse der Ermüdung nicht zu befreiende Aufmerksamkeit, ja selbst die jeweilige Stimmung des Telegraphisten als maassgebende Momente geltend machen, nicht bloss für die Genauigkeit und Regelmässigkeit der telegraphischen Zeichen, sondern auch für deren Richtigkeit und für die Geschwindigkeit, mit welcher jene Zeichen auf einander folgen, mit welcher also die Telegramme selbst befördert werden. Wenn man dagegen jene elektrischen Ströme mittelst einer dazu geeigneten Maschine in die Telegraphenleitung sendet, so wird die Maschine einestheils die Zeichen mit der erforderlichen Regelmässigkeit und Gleichmässigkeit geben, und sie wird anderntheils zugleich auch eine bessere Ausnützung der Telegraphenleitung ermöglichen; denn die Maschine wird, im vortheilhaften Gegensatze zur Hand des Telegraphisten, der Leitung die Ströme in so rascher Folge zuzuführen im Stande sein, wie dieselbe sie aufzunehmen vermag*) und wie die beim Telegraphiren verwendeten

*) Vgl. hierüber unter andern die Versuche von Guillemin und Burnouf einerseits und von Th. du Moncel andererseits in Annales Télégraphiques, 1860, S. 120 und 186; 1865, S. 308. Mit einem kleinen automatischen Stromsender

Empfangsapparate sie zur Bildung der telegraphischen Zeichen verarbeiten können.

Andererseits dürfte freilich zugestanden werden müssen, dass eine Maschine nicht in jedem einzelnen gegebenen Falle den etwa vorliegenden, das Telegraphiren erschwerenden Verhältnissen in der Weise Rechnung tragen kann, in welcher der denkende Telegraphist dies vermag; dass ferner die etwa nöthige Vorbereitung der Telegramme für die automatische Beförderung unter Umständen mehr Zeit in Anspruch nehmen möchte, als das Abtelegraphiren derselben mit dem Handtaster; ja wohl könnte auch die Eigenthümlichheit der automatischen Beförderung Correcturen in den beförderten Telegrammen umständlicher machen und gelegentlich vielleicht sogar Anlass geben, dass trotz der grössern Gesammtleistung, ein einzelnes Telegramm länger seiner Beförderung harren müsste, als es beim Arbeiten mit dem Handtaster der Fall zu sein pflegt.

Nichts desto weniger jedoch erweist sich die automatische Stromsendung schon um deswillen als höchst wichtig für den Betrieb der elektrischen Telegraphen, weil die grosse Kostspieligkeit der Anlage unterirdischer Linien die Telegraphenverwaltungen zur Zeit fast überall noch von der Herstellung solcher Linien zurückschreckt, obschon dieselben jetzt sicherlich frei von den Mängeln, an denen sie vor 20 Jahren krankten, und vollkommen betriebsfähig würden ausgeführt werden können. Die Tragsäulen der oberirdischen Linien aber sind bereits an vielen Stellen mit Drähten geradezu überladen, und die zukünftige Entwickelung der elektrischen Telegraphie wird sich daher ganz wesentlich darauf hingedrängt sehen, eine bessere Ausnützung der vorhandenen Linien durch eine den Handbetrieb an Schnelligkeit und Sicherheit übertreffende Beförderung der Telegramme zu erstreben.

Die Bemühung, automatische Stromsender herzustellen, ist indessen keineswegs erst in der jüngsten Zeit aufgetaucht. Denn abgesehen davon, dass manche Zeiger- und Typendruck-Telegraphen*) ihrer Na-

---

vermochte Guillemin auf der 570 Kilometer langen Linie Paris-Mans-Lisieux-Paris in der Minute 30 Mal die beiden Wörter „France" und „Paris" zu geben; auf der 360 Kilometer langen Linie Paris-Nancy dagegen 36 bis 60, ja bis 72 Wörter in der Minute, oder bis 40 Punkte in der Secunde; auf der 450 Kilometer langen Linie nach Havre endlich 75, bei Verbindung dieser Linie mit der 570 Kilometer langen aber 30 bis 36 Wörter in der Minute. Vgl. Annales Télégraphiques, 1861, S. 496.

*) Eine im engeren Sinne automatische Stromsendung für den Typendruck-Telegraphen von Hughes hat der französische Eisenbahntelegraphenbeamte Joly

tur entsprechend mit in gewissem Sinne automatischen Zeichengebern versehen werden, und dass auch bei den Copirtelegraphen die elektrischen Ströme, mittels deren irgend welche auf der telegraphirenden Station vorhandene Schriftzüge telegraphisch auf der Empfangsstation copirt werden sollen, der Linie automatisch zugeführt werden, beabsichtigte Professor Samuel Findley Breese Morse schon bei seinem ersten Plane zur Herstellung eines elektromagnetischen oder elektrochemischen Schreib- oder Druck-Telegraphen die zum Telegraphiren erforderlichen elektrischen Ströme automatisch abzusenden. Gerade für die Schreib- oder Druck-Telegraphen aber wäre der automatische Betrieb besonders werthvoll; im Nachfolgenden wird daher auch ausschliesslich von der automatischen Versendung von Telegrammen auf solchen Telegraphen die Rede sein.

Morse goss in der eben angedeuteten Absicht (angeblich schon vor 1833) entsprechende metallene Typen für „Punkte und Zwischenräume", bildete aus letzteren Gruppen zur Bezeichnung der Zahlen, unter welchen die einzelnen Worte des Telegramms in einem telegraphischen Wörterbuche standen, und hätte dann beim Telegraphiren die in eine Schiene eingesetzten Typen*) unter dem einen Ende eines Contacthebels hinführen müssen; sobald dabei dieses Contacthebelende durch eine der vorstehenden Erhabenheiten der darunter hingehenden Typen empor gehoben worden wäre, würden die Enden eines um das andere Contacthebelende gewickelten Drahtes in zwei Quecksilbernäpfchen eingetaucht worden sein und hätten auf diese Weise den Stromkreis geschlossen, bis das erstere Hebelende wieder in die nächstfolgende Vertiefung zwischen

---

in Vorschlag gebracht. Es sollten Papierblätter mit einer Reihe von Alphabeten bedruckt, aus jedem aber die bei je einem Schlittenumlaufe zu telegraphirenden ausgeschnitten werden; dann sollte ein solches Blatt auf eine vom Apparate selbst in Umdrehung versetzte Walze gelegt werden, damit eine auf ihm schleifende Contactfeder beim Einfallen in einen jener Ausschnitte den Strom einer Localbatterie durch den zugehörigen von 28 Elektromagneten senden könnte, welche die Claviatur ersetzen sollten, indem jeder den zu ihm gehörigen Contactstift zu heben vermochte. Eine einfachere Anordnung dazu soll Renoir erdacht haben. Vgl. Annales Télégraphiques, 1861, S. 375.

*) Um das Einsetzen der Typen in die Nuth einer gradlinigen Schiene zu umgehen, machte Morse gleichzeitig auch den Vorschlag, die Typen in der erforderlichen Reihenfolge auf einander in einen Trichter einzulegen; aus diesem Trichter sollte dann stets die unterste Type durch ein an seinem Umfange mit Spitzen besetztes Rad, welches mit seinen Spitzen in ihnen entsprechende Löcher an der Seitenfläche der Typen eingriff, herausgezogen und unter dem Contacthebel hingeführt werden. Vgl. Shaffner, Telegraph Manual (Neuyork 1859), S. 408.

zwei Erhabenheiten herabgefallen und dadurch der Strom wieder unterbrochen worden wäre. Der Contacthebel hätte dabei den nämlichen Dienst zu verrichten, wie bei Benutzung eines Tasters der Tasterhebel; die Einschaltung wäre aber noch etwas einfacher als bei dem jetzt üblichen Morse-Taster, weil der Ruhecontact wegfällt und das eine Quecksilbernäpfchen die Rolle der Tasteraxe übernimmt, während das andere mit dem ersten Batteriepole zu verbinden wäre. Die Gestalt der Typen für die zehn Zahlzeichen und für die blosen „Zwischenräume" zeigt Fig. 1, während Fig. 2 eine zugehörige Schriftprobe vorführt und zwar die telegraphischen Zeichen für die auf einanderfolgenden drei Zahlen 456, 302 und 4.

Fig. 1.

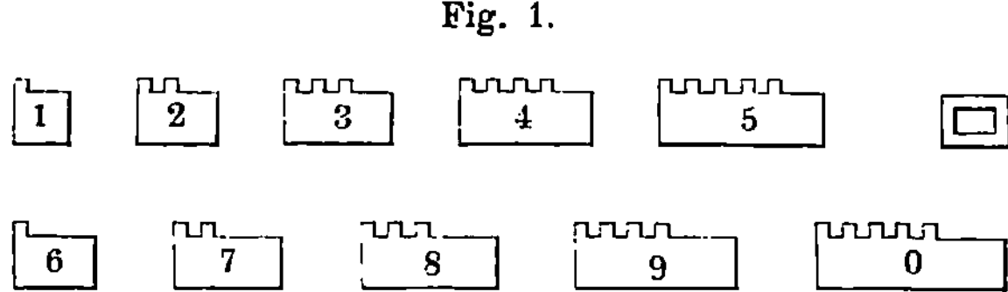

Auch bei dem ersten Modell eines elektromagnetischen Telegraphen, welches Morse im Herbste 1835 in Neuyork einigen Freunden zeigte, wurden die elektrischen Ströme in eben derselben Weise automatisch durch den (185 Pfund schweren) Elektromagnet gesendet.

Fig. 2.

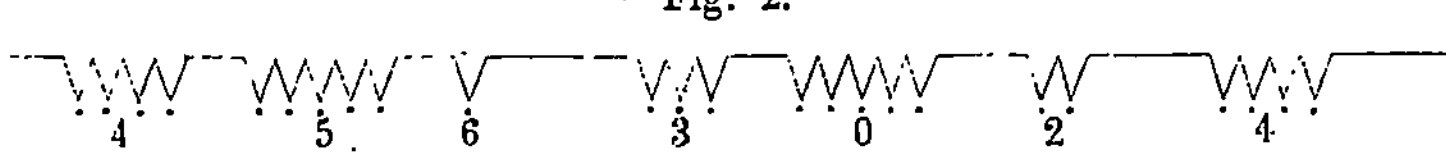

Dieser älteste Morse-Telegraph war bekanntlich aus einer alten Maler-Staffelei hergestellt; der vertical stehende Ankerhebel seines horizontal liegenden Elektromagnets wurde von letzterem horizontal hin- und herbewegt und schrieb dabei zickzackförmige Züge auf den von einem Triebwerke unter einem am untern Ende des Ankerhebels befestigten Schreibstifte gleichförmig fortbewegten Papierstreifen nieder. Die Breite der Erhabenheiten der Typen bestimmte die Dauer der Ströme, von der Breite der Vertiefungen dagegen hing es ab, wie weit die einzelnen Spitzen der zickzackförmigen Züge von einander entfernt erschienen. Eine Probe der aus solchen Zügen gebildeten Schrift bietet Fig. 3. Die ohne Zwischenraum neben einander stehenden Spitzen dieser Züge deuteten die Ziffern 1 bis 9 an, die Ziffern derselben Zahl waren durch kleinere, die einzelnen Zahlen durch grössere Zwischenräume von einander getrennt; die 0 endlich wurde durch eine nach der entgegengesetzten Seite weisende Spitze angedeutet, welche durch zwei schnell auf einander folgende Ströme von längerer Dauer niedergeschrieben wurde. Hiernach entspricht die erste Zeile von Fig. 3 den Zahlen 215, 36, 2, 57, die zweite aber den Zahlen 112, 04, 01835. Sollte eine Zifferfolge nicht als „Wort“, sondern als „Zahl“ gelten, so wurde vor die erste Ziffer noch eine 0 gesetzt, wie in der zweiten Zeile bei 04 und 01835.

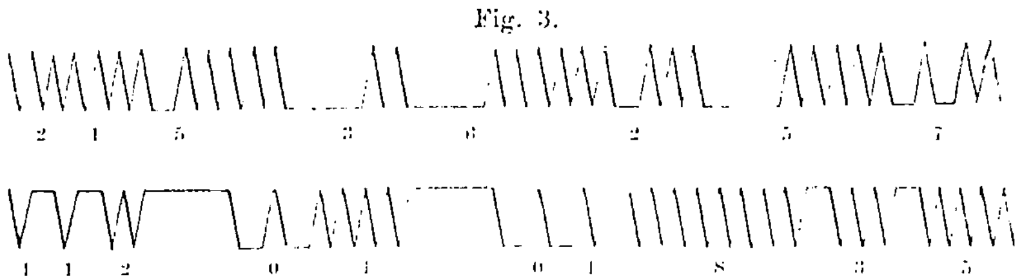

Fig. 3.

Noch vor 1840 stellte Morse ein aus Punkten und Strichen gebildetes Alphabet*) auf; die (farbigen oder vertieften) Punkte und Striche standen dabei in einer einzigen Zeile auf einem Papierstreifen und die zu ihrer Erzeugung nöthigen Ströme wurden mittelst eines einfachen Tasters, mittelst einer Klaviatur oder automatisch unter Benutzung von aus Blech ausgeschnittenen Buchstabentypen abgesendet. Die Gestalt,

Fig. 4.

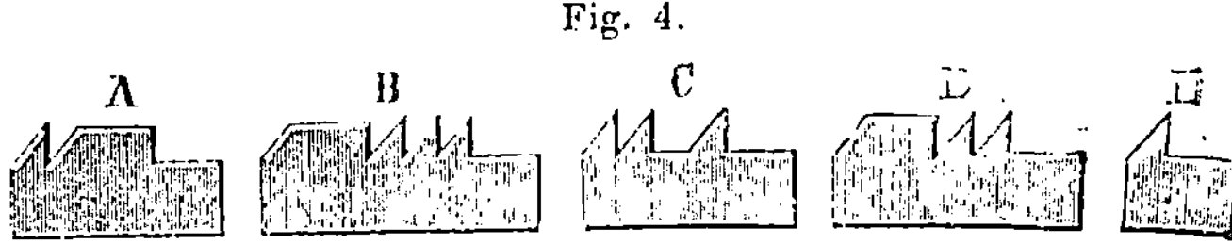

welche die Typen für diese (jetzt noch übliche) Morseschrift erhalten müssten, lässt sich aus Fig. 4 erkennen.

Bei dieser Art, automatisch zu telegraphiren, kostete aber die Vorbereitung des Telegramms, d. h. das Zusammensetzen desselben aus den Typen zu viel Zeit, und ausserdem vermochten die damals benutzten Elektromagnete der Stromgebung nicht schnell und sicher genug zu folgen. In Fig. 5 ist einer jener alten Morseapparate zugleich mit dem zugehörigen einfachen Taster *PSC* abgebildet; an dem Ankerhebel *DLR*

*) Die Bildung eines Alphabetes aus Punkten und Strichen hat in der Sitzung der französischen Academie vom 27. November 1865 (Comptes rendus, Bd. LXI, S. 955) Swaim unter Berufung auf sein 1829 erschienenes Werk: „The Mural Diagraph“ als seine Erfindung in Anspruch genommen. Vgl. auch Jones, Historical Sketch of the Electric Telegraph; Neuyork 1852; S. 52.

des Elektromagnetes *H* desselben waren bei *R* drei Schreibspitzen neben einander angebracht und gruben die Punkte und Striche in drei neben einander hinlaufenden, aber unter sich völlig übereinstimmenden Zeilen in den von der Rolle *T* geführten Papierstreifen ein.

Auf eine andere Weise bemühte sich darauf A l e x a n d e r B a i n, damals in Edinburg, eine automatische Telegraphie zu ermöglichen. In seinem vom 12. December 1846 datirten englischen Patente beschreibt Bain zunächst eine Vorrichtung zur Vorbereitung des Telegramms. Dieselbe ist in ihren wesentlichen Theilen in Fig. 6 im Seitenrisse, in Fig. 7 im Grundrisse wiedergegeben; sie enthielt eine an ihrem Umfange mit

Fig. 5.

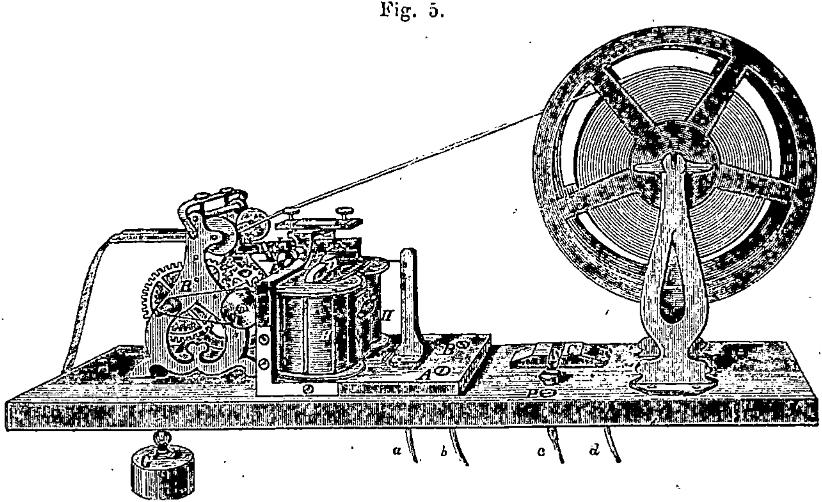

einer grossen Anzahl von Kerben versehene verticale (metallene) Scheibe *A*, deren Grösse nach der Länge des zu versendenden Telegramms bemessen werden musste; in jeder Kerbe lag horizontal, parallel zur Scheibenaxe, ein Metallstift *s*; sämmtliche Metallstifte aber wurden durch über die Mantelfläche der Scheibe gewickelte Seiden- oder Garn-Fäden in ihrer Lage festgehalten. Bei der Vorbereitung des Telegramms wurde die Scheibe *A*, in einen Rahmen *B* gehängt, so dass die in ihrer Ruhelage auf beiden Seiten der Scheibe gleich weit vorstehenden Stifte *ss* bei der schrittweisen Umdrehung der Scheibe nach einander zwischen die Backen einer Art Zange *CDE* zu liegen kamen; diese Zange wurde durch zwei Federn *ff* in ihrer Mittellage erhalten, liess sich jedoch mittelst des Handgriffes *E* um eine verticale Axe *c* nach links oder nach rechts drehen, so dass mit dem einen oder dem andern ihrer beiden

Backen der eben zwischen den Backen befindliche Stift nach rechts oder links verschoben werden konnte und dadurch auf der einen oder der andern Seite der Scheibe A weiter vortrat; wurde darauf die Zange CDE nach ihrer Rückkehr in die Mittellage sammt ihrem Lager ii um eine horizontale Axe aa geneigt, so schob ein an dem um die Axe nn dreh-

Fig. 6.

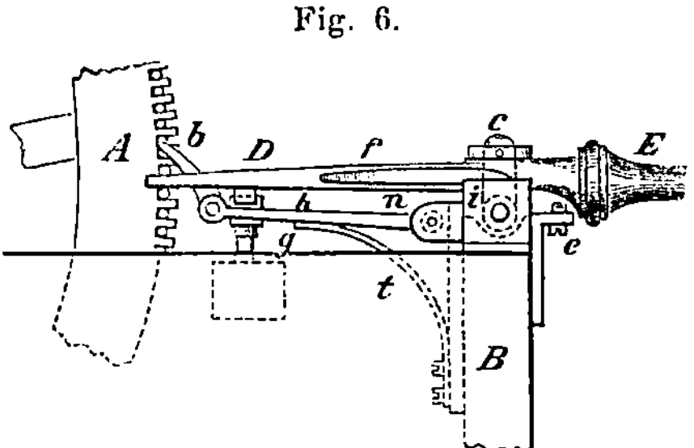

baren und durch die Feder t beständig nach oben gedrückten Stabe h sitzender, mit der Zange verbundener Sperrkegel b die Scheibe um einen Schritt fort und brachte dadurch den nächsten Stift zwischen die Backen

Fig. 7.

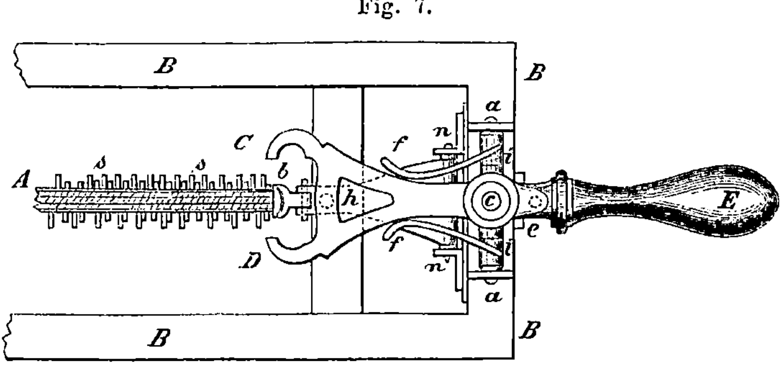

der Zange. Die Anschläge e und g begrenzten die verticale Drehung des Handgriffs E und des Stabes h.

Sollte nun das auf diese Weise vorbereitete Telegramm abtelegraphirt werden, so wurde die Scheibe A zunächst in einen B ähnlichen zweiten Rahmen eingehängt, an welchem zwei metallene Federn angebracht waren; die eine dieser Federn war mit dem positiven Pole einer Batterie verbunden und trat bei der durch ein Uhrwerk erzeugten gleichförmigen Umdrehung der Scheibe A der Reihe nach mit allen links aus der Scheibe vorstehenden Stiften in Berührung; in gleicher Weise konnte sich die andere, mit dem negativen Pole einer zweiten Batterie verbundene Feder auf die rechts vorstehenden Stifte auflegen; die zweiten Pole beider Batterien waren zur Erde abgeleitet. Da jetzt ausserdem noch eine dritte Feder beständig auf der Scheibenaxe schleifend auflag, und da diese dritte Feder mit der (aus nur einem Drahte bestehenden) Telegraphenleitung in leitender Verbindung stand, so trat durch eben-diese Feder ein positiver oder ein negativer Strom in die Leitung, so oft ein links oder rechts vorstehender Stift auf die eine oder die andere jener beiden ersteren Federn traf.

Der zugehörige Empfangsapparat*) Bain's hatte eine ziemlich ver-wickelte Einrichtung; es sei daher hier nur erwähnt, dass der durch ein Triebwerk gleichförmig fortbewegte, breitere Papierstreifen vor sei-nem Eintritte in den Empfangsapparat durch einen Trog mit einem farblosen Gemisch aus sechs Theilen Wasser, einem Theil Schwefel-säure und zwei Theilen einer gesättigten Lösung von blausaurem Kali lief, dass dann sowohl die positiven als die negativen Ströme mittelst zweier über den noch feuchten Papierstreifen hin streichenden Federn durch den Streifen hindurch geleitet wurden, dabei durch ihre zer-setzende Wirkung auf das vorher farblose Gemisch aus diesem einen farbigen Bestandtheil ausschieden und so elektrochemisch auf dem Strei-fen farbige Zeichen von gleicher Länge, aber an verschiedenen Stellen hervorbrachten. Diese Zeichen wurden durch ein Fenster am Apparat-gehäuse sichtbar.

Bei einer in dasselbe Patent mit aufgenommenen Abänderung sei-nes Apparats schnitt Bain mit einer Art Durchschlag breitere Löcher in zwei verschiedenen Zeilen in dem Papierstreifen aus, in welchem das abzutelegraphirende Telegramm vorbereitet wurde; beim Abtelegraphi-ren wurde dann der Streifen über eine, ihrer Länge nach aus drei Thei-len bestehende Walze geführt, wobei von vier auf dem Streifen schleifen-den Federn das eine Paar durch die Löcher der einen, das andere durch die Löcher der andern Zeile durchgreifen, und so im ersten Falle einen positiven, im andern einen negativen Strom in die (aus einem Drahte bestehende) Linie senden konnte; auf der Empfangsstation aber wur-den diese Ströme mittelst zweier auf dem mit der Lösung von blau-saurem Kali getränkten Streifen schleifenden Federn durch diesen Strei-fen hindurch geführt und liesen auf ihm farbige Punkte in zwei ver-schiedenen Zeilen entstehen. Bei Verwendung von zwei Telegraphir-

---

batterien hätte es hierbei auf der gebenden Station nur zweier, auf einer ungetheilten Walze schleifenden Federn bedurft. Der vorbereitete Streifen würde dann nur schmälere, unter sich gleich lange Löcher in zwei Zeilen wie in Fig. 8 zeigen, der getränkte Streifen der Empfangsstation wieder farbige Punkte in zwei Zeilen, wie es Fig. 9 vor Augen führt. Die Löcher und Punkte in diesen beiden Abbildungen entsprechen dem Worte „London". Hätte man aber zwei Leitungsdrähte benutzen wollen, so hätte man mit blos einer Batterie und mit je zwei auf einer zweitheiligen Walze schleifenden Federn auf der gebenden und auf der empfangenden Station auskommen können.

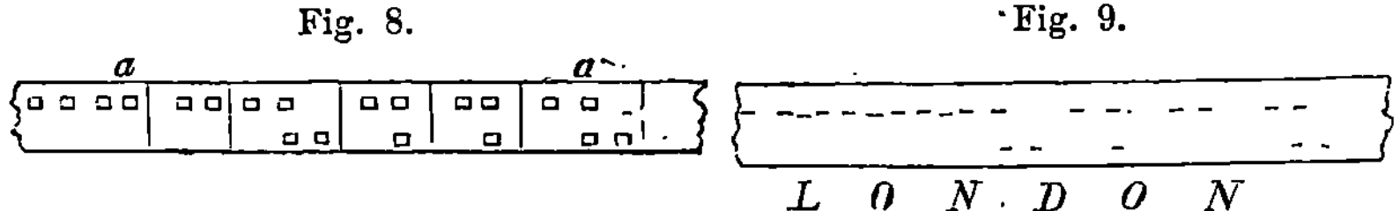

Fig. 8.Fig. 9.

L O N D O N

Am einfachsten und durchsichtigsten aber ist der gleichzeitige Vorschlag Bain's zur Benutzung der einzeiligen, aus Strichen und Punkten bestehenden Morseschrift. Nach diesem Vorschlage ward im Jahre 1852 eine Zeit lang in England zwischen Manchester und Liverpool und in Amerika zwischen Neuyork und Washington telegraphirt. Dabei schnitt Bain mit einer Art Zange oder Durchstoss*) die Punkte und Striche des Morse'schen Alphabets als kürzere und längere Löcher aus dem zur Vorbereitung des Telegramms benutzten Streifen aus, führte dann diesen Papierstreifen in der aus Fig. 10 ersichtlichen Weise über eine mit

---

*) Moigno beschreibt (in seinem Traité de Télégraphie; 2. Aufl., Paris 1852; S. 482) den ziemlich umfänglichen Durchstoss, von welchem er auch eine Abbildung giebt, folgendermassen: Durch eine Kurbel und eine Schnur ohne Ende wird ein Rad mit sechs an dessen Umfange vorstehenden Hämmerchen schnell umgedreht; die Hämmerchen treffen einen horizontalen Stempel und treiben denselben durch den vor ihm (von unten nach oben) vorbei geführten Papierstreifen, sobald eine Taste niedergedrückt wird; während dagegen die Taste nicht niedergedrückt ist, liegt der Stempel in seiner Führung unbeweglich fest, und dann klappen sich die Hämmerchen, wenn sie an den Stempel anschlagen, um ein Axe zurück, um an dem Stempel vorbei zu kommen. Jede Bewegung des Stempels liefert im Streifen ein rundes Loch; bei länger dauerndem Niederdrücken der Taste aber entstehen mehrere solche Löcher unmittelbar neben einander und bilden ein längliches Loch. Es erforderte also das Arbeiten mit diesem Durchstoss in ähnlicher Weise wie das mit dem Handtaster eine ziemliche Handfertigkeit. Einen einfachern Bain'schen Durchstoss für Morseschrift, in welchem der Stempel in seiner Führung mit einem Handhammer durch das Papier geschlagen wird, beschreibt Shaffner in seinem Telegraph Manual, S. 362.

dem einen Pole der Telegraphirbatterie leitend verbundene Metallwalze hinweg und liess zugleich eine mit dem telegraphischen Leitungsdrahte in metallischer Verbindung stehende metallene Feder oder Rolle sich auf den Streifen auflegen, während der zweite Batteriepol zur Erde abgeleitet wurde. Daher konnte der elektrische Strom in die Telegraphenleitung eintreten, so oft und so lange die Feder oder Rolle durch ein Loch des Streifens hindurch die Walze berührte. Auf der Empfangsstation aber wurde auch hierbei der Strom durch einen mit der Lösung von blausaurem Kali getränkten Papierstreifen geführt und liess, je nach seiner kürzern oder längern Dauer, auf diesem Streifen elektrochemisch*) einen farbigen Punkt oder einen Strich entstehen.

Fig. 10.

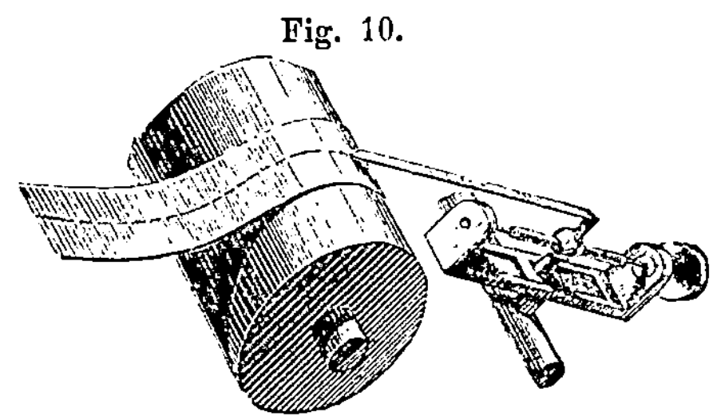

Im Jahre 1851 ersetzte Bain den über eine Metallwalze hinweglaufenden getränkten Streifen durch ein auf einer ebenen Metallscheibe liegendes Blatt Papier, auf welchem der Schreibstift die farbigen Gruppen von Punkten und Strichen in einer Spirallinie entstehen liess.

Einen noch anderen Weg schlug Palmieri ein. Die telegraphischen Zeichen sollten als Punkte und Striche mittelst eines an dem Elektromagnetanker befestigten Pinsels in einer Schraubenlinie auf einem Papierblatte geschrieben werden, welches auf die Mantelfläche einer Scheibe gelegt wurde; dazu musste die Scheibe sich nicht nur um ihre Axe drehen, sondern zugleich mit dieser Axe allmälig der Länge nach verschoben werden. Auf die nämliche Axe sollte nun der zur Vorbereitung des Telegramms dienende metallene Cylinder (cylindre de composition) aufgesteckt werden, auf dessen Mantelfläche eine Nuth nach

---

*) Als man auf der (140 lieues langen) eine Schleife bildenden Linie Paris-Lille-Paris den Bain'schen Versendungsapparat mit elektromagnetischen Telegraphen probirte, wollte (wie Moigno mittheilt) der Versuch anfänglich nicht gelingen, obgleich der chemische Apparat im Verzuchszimmer 1500 Buchstaben in der Minute wiedergab.

einer Schraubenlinie eingearbeitet war; in dieser Nuth sollten dem
Wortlaute des Telegramms entsprechend Holz- und Metall-Stückchen
eingelegt werden; auf diesen Stückchen schleifte bei der Umdrehung
des Cylinders eine feststehende Metallfeder, während eine andere solche
Contactfeder beständig auf der Axe schleifte, und so musste der Strom,
jenen eingesetzten Stückchen entsprechend, abwechselnd auf kürzere
oder längere Zeit geschlossen werden und dem entsprechend der Pinsel
der Empfangsstation Punkte oder Striche schreiben.

Am 6. Mai 1850 ferner zeigte Pouillet in der französischen Academie einen Schreib-Telegraph von Froment vor, in welchem der
Schreibstift sich beim Niederschreiben der Zeichen um sich selbst drehte
und sich dadurch immer spitz erhalten sollte; dieser Telegraph, welchen Pouillet schon seit 1845 in seinen Vorlesungen im Conservatoire
des Arts et Métiers benutzt hatte, wurde kurz nach 1850 von Froment
verbessert und zum automatischen Telegraphiren benutzt, wobei das
Telegramm ebenfalls in einem Papierstreifen gelocht wurde und zwar
mittelst eines besonderen Tastenapparates.

Bessern Erfolg als die bisher genannten Männer erzielten 1853 Siemens und Halske in Berlin bei Einführung der automatischen Schnell-
schrift in die Telegraphie, indem sie zugleich die Vorbereitungsweise
des Telegramms und den Empfangsapparat vervollkommneten. Sie con-
struirten zunächst einen Stanzapparat, mittelst dessen das Telegramm
in dem Streifen mechanisch vorbereitet werden konnte. Dieser Stanzapparat, der Hand-Schriftlocher, enthielt drei Tasten und zwei
nebeneinanderliegende Stempel; beim Niederdrücken der ersten Taste
stiess der erste Stempel ein einzelnes rundes Loch, beim Niederdrücken
der zweiten Taste stiessen beide Stempel ein längliches Doppelloch in
den Streifen, und in beiden Fällen wurde zugleich der Streifen nach
dem Lochen ein entsprechendes Stück unter den Stempel fortgezogen;
die dritte Taste wurde nach Beendigung jedes Buchstabens niedergedrückt, damit der Streifen um die Länge des freizulassenden Zwischenraumes zwischen je zwei Buchstaben fortgeschoben wurde. Aehnliche
Handlocher mit drei Tasten haben nach Siemens auch Digney und
Wheatstone benutzt*). Um den Empfangsapparat (Schreibapparat oder

---

*) Auch W. Thomson beschreibt einen Dreitastenlocher in seiner Provisio-
nal Specification, No. 3069 vom 23. November 1870, S. 22 bis 26. — Eine Durch-
stossmaschine für Morseschrift wurde am 6. Januar 1854 in Preussen für G. E.
Schwinck patentirt und findet sich abgebildet und beschrieben in der Zeitschrift
des Deutsch-österreichischen Telegraphen-Vereins, Jahrg. I, S. 121. Dieselbe
enthielt 11 Stempel in einer Reihe neben einander; ein einzelner niedergedrückter

Relais) zu einer schnellern Wiedergabe der telegraphischen Zeichen zu
befähigen, wickelten Siemens und Halske die beiden horizontal liegenden Elektromagnetspulen desselben so, dass der durchgehende Strom
den beiden nach der nämlichen Seite hin liegenden Kernenden entgegengesetzte Polarität ertheilte; der eine Kern wurde im Apparatgestell
festgelegt, seine beiden Enden aber zu Polschuhen verlängert; der andere Kern wurde im Gestell um Schraubenspitzen drehbar gelagert,
und seine Enden wurden als langgestreckte eiserne Anker geformt und

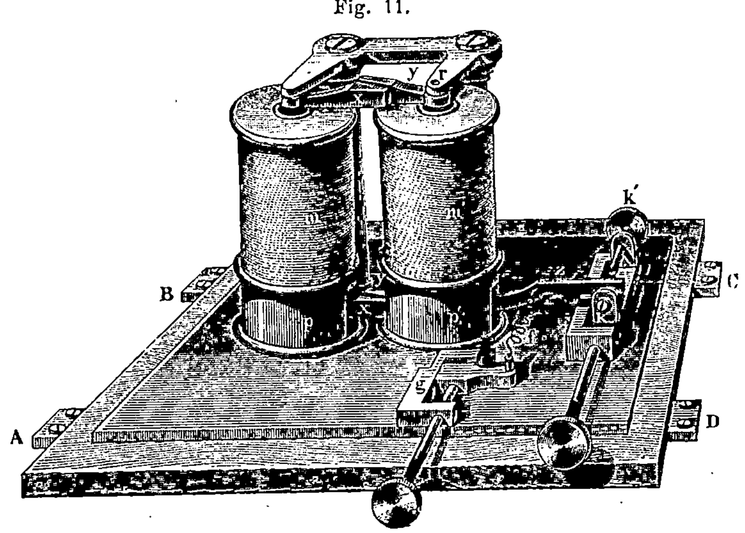

Fig. 11.

als solche den Polschuhen des andern Kerns nahe gegenübergestellt;
die beiden Anker wurden durch Querriegel verbunden und trugen beim
Schreibapparat (dem Schnellschreiber mit oscillirendem Elek-
tromagnetkern) den Schreibhebel mit der Schreibspitze, beim Relais
den Contacthebel, welcher die Localbatterie zu schliessen hat. Bei diesen Empfangsapparaten mit drehbarem Doppelmagnet kamen alle vier
Pole des Elektomagnets zugleich zur Wirkung, da die Schuhe und die
Anker sich während der Dauer des Stromes paarweise anziehen; beim
Aufhören des Stromes führte eine Spannfeder den wieder unmagnetisch
gewordenen Anker in seine Ruhelage zurück.

Das vorstehend erwähnte ankerlose Relais mit oscillirendem Eisen-

---

Stempel lieferte einen Punkt im Streifen, drei benachbarte stanzten bei gleich-
zeitigem Niederdrücken einen Strich.

kerne ist in Fig. 11 abgebildet. Der Linienstrom tritt bei den Klemmen A und B in die entgegengesetzt gewickelten Elektromagnetspulen ein und aus; in Folge der durch den Strom geweckten Polarität ziehen sich die Polschuhe xx des festliegenden Kerns und die Polschuhe yy des zwischen Schraubenspitzen r leicht drehbaren zweiten Kerns gegenseitig an, und indem sich dadurch der zweite Kern um seine Axe dreht, legt sich der die Verlängerung des untern Polschuhes y bildende Arm z

Fig. 12.

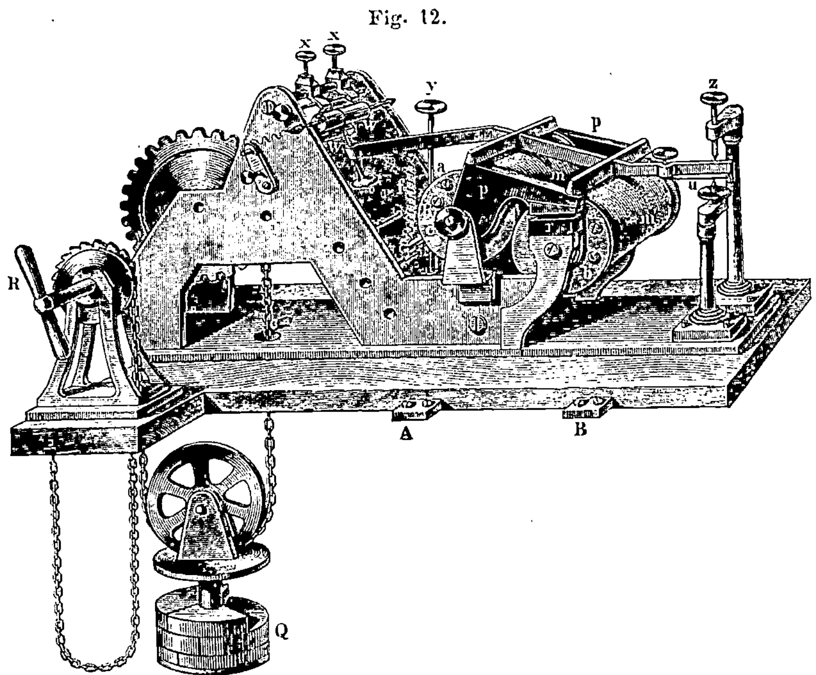

von dem Ruhecontact k an den Arbeitscontact k', um die Localbatterie zu schliessen, deren Poldrähte an die Klemmen C und D geführt sind und durch diese mit k' und über g und die Abreissfeder f mit z in Verbindung stehen. Aehnlich liegt beim Schnellschreiber mit oscillirendem Kern, wie Fig. 12 ersichtlich macht, der Kern in der Spule m' fest, während der Kern in der Spule m um Schraubenspitzen leicht drehbar ist; dem Polschuhe r des erstern liegt der den Schreibhebel tragende Polschuh p des zweiten Kerns gegenüber, so dass der mittels der Klemmen A und B zugeführte Localstrom den am Ende des Schreibhebels, dessen Spiel durch die Stellschrauben z und u regulirt wird, sitzenden

Schreibstift gegen den von der Papierführung xx kommenden, zwischen dem Walzenpaare WW hindurchgehenden Papierstreifen anschlagen lässt, während die Spannfeder f nach dem Aufhören des Stroms den Schreibhebel in die Ruhelage zurückführt.

Mit solchen automatischen Apparaten wurden in den Jahren 1853 bis 1855 zuerst die Linie von Warschau nach Petersburg und in den darauf folgenden Jahren auch andere Linien des von Siemens und Halske erbauten russischen Telegraphennetzes ausgerüstet. Da aber auf diesen Linien der telegraphische Verkehr nicht zu gross und das Durchlochen der Streifen immer noch zu beschwerlich war, da ferner ausserdem der Schnellschreiber starke Batterien und gut isolirte Leitungen erforderte, und da es schwierig war, die Spannung der Abreissfeder den wechselnden Stromstärken entsprechend zu reguliren, so wurde der — übrigens gut arbeitende — automatische Betrieb nach und nach wieder verlassen.

Die zuletzt erwähnten Uebelstände führten Werner Siemens seit 1856 darauf, hier (wie bei den unterseeischen Linien) Wechselströme (d. h. kurze Ströme von regelmässig wechselnder Richtung) anzuwenden, um durch diese den nachtheiligen Einfluss der Stromschwankungen zu beseitigen, die lästige Regulirung der Spannfeder an den Empfangsapparaten bei wechselnder Stromstärke zu umgehen. Er benutzte dabei zunächst elektroelektrische Inductionsströme und ein permanent polarisirtes Elektromagnetsystem und besetzte gegen das Ende des Jahres 1857 die unterseeische Linie Sardinien-Malta-Korfu mit solchen Apparaten. Von den galvanischen oder elektroelektrischen Inductionsströmen, welche in einem geschlossenen Leiter (dem Nebendrahte oder der Inductionsspule) dadurch erregt werden, dass in einem in seiner Nähe befindlichen anderen geschlossenen Stromkreise (dem Hauptdrahte oder der inducirenden Spule) ein elektrischer Strom entsteht oder verschwindet (verstärkt oder geschwächt wird), hat derjenige, welcher die Inductionsspule beim Verschwinden des inducirenden Stromes durchläuft, mit dem inducirenden gleiche Richtung, während die Richtung des durch das Entstehen des inducirenden Stromes in der Inductionsspule erregten Inductionsstromes jener des inducirenden entgegengesetzt ist, wenn übrigens auch der letztere Inductionsstrom von eben so kurzer Dauer ist, wie jener, welchen der verschwindende Hauptstrom inducirte. Wenn man daher in der ganz deutlich aus Fig. 13 ersichtlichen Weise ein permanent magnetisches Stahlstäbchen C zwischen die beiden Polenden E und E' der Kerne des Empfangsapparat-Elektromagnets legt und die Schenkel des letzteren so umwickelt, dass jeder den Elektromagnet durchlaufende elektrische Strom dem Stahlstäbchen C gegenüber in den beiden Kernenden entgegengesetzte Pole hervorruft, so werden stets beide Pole zugleich auf das Stäbchen wirken und zwar wird der eine dasselbe anziehen, der andere es aber abstossen. Sowohl bei seinem in Fig. 13 abgebildeten polarisirten Relais, welches in Verbindung mit einem gewöhnlichen Schreibapparate*) benutzt werden kann, wie bei seinem polarisirten Farbschreiber, dessen Einrichtung Fig. 14 erkennen lässt, befestigte Werner Siemens das Stahlstäbchen C auf dem einen Pole (in Fig. 13 aa', in Fig. 14 SS) eines Stahlmagnets, auf dessen anderen Pol er die beiden Elektromagnetkerne stellte; dabei werden auch die beiden Kerne (in Fig. 14 NN) magnetisch und zwar gleichnamig; jeder Inductionsstrom verstärkt dann den Magnetismus des einen Kernes

Fig. 13.

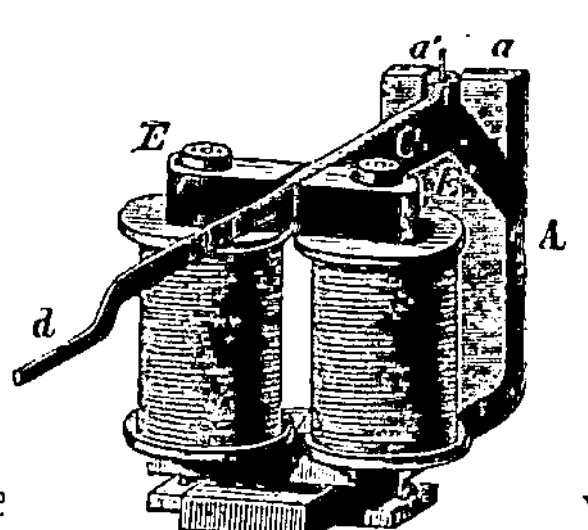

und kehrt den des ande   wenigstens wesentlich. Bei Verwendung des p   s muss dann der beim Schliessen des inducirenden Batteriestromes entstehende Inductionsstrom so gerichtet sein, dass der Elektromagnetpol N das um die Axe B drehbare Magnetstäbchen C anzieht und deshalb die Schneide d, welche den Fortsatz der Zunge C bildet, den von der Rolle T ablaufenden Papierstreifen gegen das unter der Schwärzwalze K liegende Farbscheibchen J heranbewegt. An letzterem nun wird jetzt der Streifen liegen bleiben, bis der beim Unterbrechen des Batteriestromes auftretende, jenem ersten Inductionsstrome entgegengesetzte Inductionsstrom den Streifen wieder vom Farbscheibchen entfernt.

Beim Telegraphiren mit elektroelektrischen Inductionsströmen ist natürlich neben der Localbatterie eine besondere Telegraphirbatterie nicht nöthig, weil die erstere zugleich den inducirenden Strom liefern

---

*) Vgl. Zeitschrift des Deutsch-österreichischen Telegraphen-Vereins, Jahrg. IV, S. 147.

Fig. 14.

kann. Der dabei benutzte Handtaster (und in gleicher Weise ein automatischer Stromsender) würde jedoch so einzurichten sein, dass er während der Zeit, in welcher er den Stromkreis der den inducirenden Strom

liefernden Batterie geschlossen hält, zugleich das eigene Relais aus der Leitung ausschaltet und dafür die Telegraphenleitung in den Kreis des Inductionsstromes einschaltet. Zu diesem Behufe wird die Leitung an die Axe des Tasterhebels gelegt und von dem Ruhecontact ein Draht nach dem Relais und hinter diesem zur Erde geführt; allein es sind zwei Arbeitscontacte vorhanden; an dem einen und an der Tasteraxe

Fig. 15.

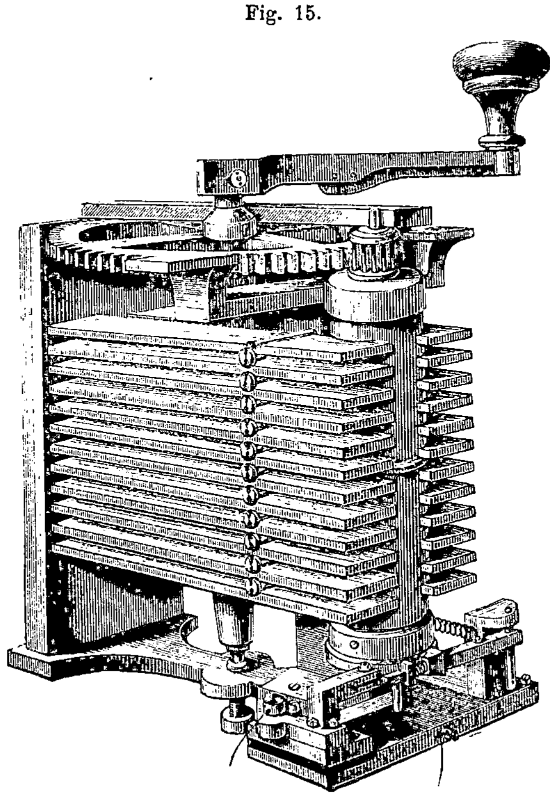

enden die von der inducirenden Spule kommenden Drähte; mit dem andern Arbeitscontacte wird das eine Ende der Inductionsspule verbunden, deren zweites Ende zur Erde abgeleitet wird. Zugleich wird dafür gesorgt, dass der Tasterhebel (mittels einer Feder) den letztern Arbeitscontact etwas früher erreicht und etwas später verlässt, als den ersteren Arbeitscontact.

Für die automatische Telegraphie suchte Werner Siemens die Wechselströme zunächst mittels seines 1862 patentirten, im XI. Jahrgange (S. 271) der Zeitschrift des Deutsch-österreichischen Telegraphen-Vereins ausführlich beschriebenen und abgebildeten Typenschnellschreibers zu verwerthen, welcher auch auf der Londoner Weltausstellung zu sehen war und längere Zeit auf preussischen Linien Verwendung gefunden hat. Anfänglich wurden indess bei diesem Typenschnellschreiber zwar auch Inductionsströme, jedoch nicht elektroelektrische, sondern magnetoelektrische benutzt. Zur Erzeugung der letzteren hatte Siemens 1856 eine sehr zweckmässige und handliche Inductionsmaschine angegeben, welche unter dem Namen Cylinderinductor noch jetzt vielfach angewendet wird. Den Cylinderinductor zeigt Fig. 15 in der Form, in welcher ihn Siemens bei seinen Inductionszeigertelegraphen benutzt. Dieser Inductor liefert, wenn seine Inductionsspule ab, welche auf einen im Querschnitte I-förmigen Eisenkern cd (Fig. 16) gewickelt ist, zwischen den Polen einer grösseren Anzahl von stählernen Stab-

Fig. 16.

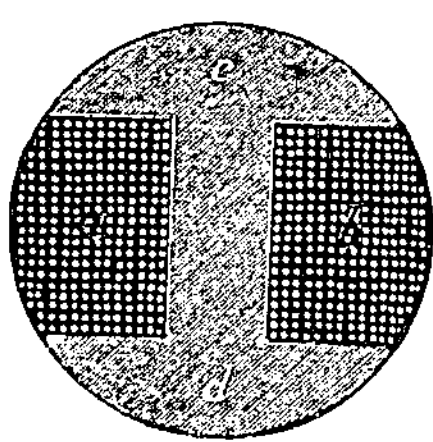

magneten in gleichförmige Umdrehung versetzt wird, in schneller Folge mit einander abwechselnde positive und negative Inductionsströme. Soll nun dabei ein polarisirter Farbschreiber die Morsezeichen niederschreiben, so müssen, wie eben erklärt wurde, zur Bildung jedes Punktes oder Striches zwei Ströme die Leitung durchlaufen, da der erste Strom den Beginn, der zweite, dem erstern entgegengesetzt gerichtete, das Ende des farbigen Zeichens auf dem Papierstreifen bewirkt. Ein Strich aber kann durch die Inductionsströme nur dann niedergeschrieben werden, wenn nicht der unmittelbar nach dem positiven Strome vom Inductor gelieferte negative Strom in die Leitung gelangt (wie es bei Erzeugung eines Punktes geschieht), sondern erst ein späterer. Für den Typenschnellschreiber wurde das Telegramm aus Typen zusammengesetzt, welche anfänglich ganze Morsbuchstaben, später bloss einzelne Punkte, Striche und Zwischenräume darstellten und aus Blech geschnitten waren; diese Typen wurden in aneinanderzureihende Schienen SS (Fig. 17) eingesetzt und mit diesen unter einem Winkelhebel

HF hingeführt, wobei die Vorsprünge der Typen den einen Arm *H* des Winkelhebels an einen Contact *e* andrückten und dadurch den Inductionsströmen zur rechten Zeit den Weg in die Leitung eröffneten. Demnach musste die Geschwindigkeit, mit welcher die Typen unter dem Winkelhebel hingeführt wurden, zu der Umdrehungsgeschwindigkeit des Inductors passen; deshalb wurden die Typen *A, B, C* und die Spule des Inductors *J* von der nämlichen Schwungradwelle *ww* aus bewegt, indem eine auf der Inductoraxe sitzende Schraube ohne Ende *R* in Zähne an der Unterseite der Typenschienen *SS* eingriff, während auf der vordern Seitenfläche der Schienen befindliche, den Zähnen genau entsprechende Einschnitte dazu dienten, die Typen in eine bestimmte Lage zu den Zähnen, mithin auch zu der jeweiligen Lage der Inductoraxe zu

Fig. 17.

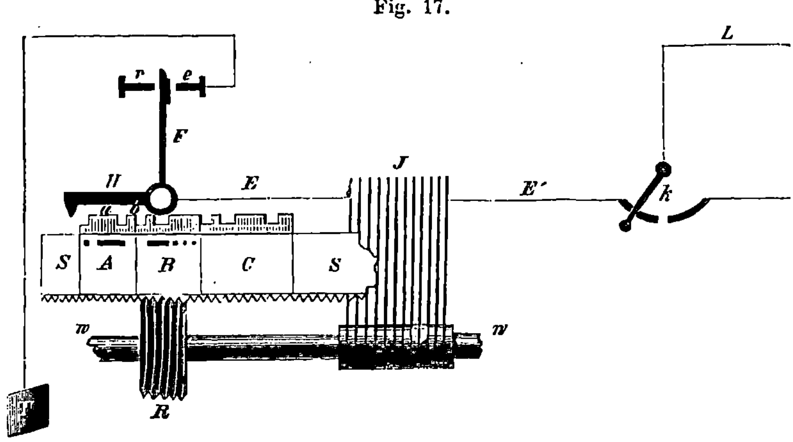

bringen. Der eine Arm *H* des Winkelhebels wurde durch eine Feder gegen die Typen angedrückt; so lange dieser Arm auf einer Erhöhung eines Typen ruhte, legte sich der andere federnde Arm *F* an eine mit der Erdplatte *T* verbundene Contactschraube *e* und liess alle Inductionsströme vom Inductor *J* aus von *E* nach *T*, von *E'* durch den Umschalter *k* in die Leitung *L*, nach der Empfangsstation und daselbst zur Erde gelangen, so dass der Farbschreiber Punkte schrieb; fiel dagegen der erste Arm *H* in eine Vertiefung zwischen zwei Erhöhungen, so legte sich der federnde Arm *F* an eine isolirte Stellschraube *r*, die nächstfolgenden Inductionsströme konnten, da der Stromkreis für sie nicht geschlossen war, gar nicht entstehen, und der Farbschreiber blieb daher entweder unthätig oder er schrieb einen Strich, bis der erstere Arm des Winkelhebels wieder auf eine Erhöhung zu liegen kam.

Dieser Typenschnellschreiber*) versandte 60 bis 80 Wörter in der Minute, leistete also etwa fünf bis sechs Mal so viel als ein Morse; doch war bei ihm die Berichtigung von Fehlern, die sich beim Telegraphiren etwa einschlichen, ziemlich umständlich. Auch musste bei ihm der Papierstreifen im Schreibapparate nicht nur mit gleichförmiger Geschwindigkeit ablaufen, sondern es musste auch die Ablaufsgeschwindigkeit in verhältnissmässig weiten Grenzen leicht verändert werden können.

Deshalb gaben Siemens und Halske zunächst dem Windflügel des Morse'schen Farbschreibers mit Federtriebwerk, jene im IX. Jahrgange (S. 207) der Zeitschrift des Deutsch-österreichischen Telegraphen-Vereins beschriebene Einrichtung, welche ihn befähigte, nicht blos als Moderator, sondern als wirklicher Regulator zu wirken; im

---

*) Eine gewisse Aehnlichkeit mit diesem Typenschnellschreiber zeigen die (übrigens in Betreff der Wiedergabe des Telegramms auf der Empfangsstation den Copirtelegraphen nahe stehenden) Telegraphen von Barnes und von Bonelli. Bei diesen beiden, ums Jahr 1861 aufgetauchten, 1862 in London ausgestellten Telegraphen sollten, wie Fig. 18 anschaulich macht, fünf Leitungsdrähte benutzt werden, um erhabene römische Metalltypen A zu copiren. Das Telegramm sollte aus diesen Typen in einer Schiene gesetzt werden, so das es eine Zeile bildet; dann sollten fünf mit je einem der fünf Leitungsdrähte verbundene metallene Stifte

Fig. 18.

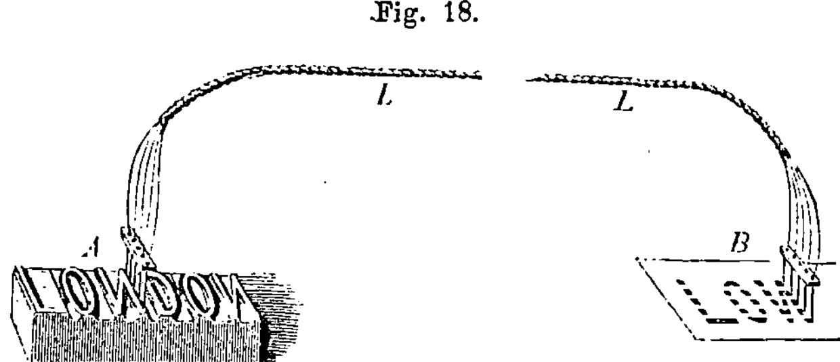

oder Federn über die Köpfe der Typen hingeführt werden; wenn nun der eine Pol der Telegraphirbatterie mit den Typen, der andere mit der Erde verbunden wäre, so würde ein Strom in die zu jedem Stifte gehörige Leitung treten, so oft und so lange dieser Stift die Metallfläche des Typen berührt. Diese Ströme wollten Barnes und Bonelli benutzen, um auf der Empfangsstation B ebenso viele Strichelchen von einer der Stromdauer entsprechenden Länge auf einem Papierstreifen hervorzurufen, und zwar Barnes auf elektromagnetischem, Bonelli auf elektrochemischem Wege. Diese in fünf Zeilen eng nebeneinanderstehenden Strichelchen würden dann ein mehr oder minder deutliches Bild der von jenen fünf Stiften überstrichenen und so in dem Leitungsstrange L von A nach B telegraphirten Typen geben.

Jahre 1866 aber ersetzten sie den Windflügel durch den im XIII. Jahrgang (S. 27) derselben Zeitschrift besprochenen und abgebildeten, eigenthümlichen Regulator, bei welchem die Reibung zweier Federn gegen
die Innenwand eines Hohlcylinders zu einer sehr genauen Regulirung
der Ablaufsgeschwindigkeit verwerthet wurde, letztere aber zugleich
auch schnell und leicht beträchtlich vergrössert oder verkleinert werden konnte.

Später betrieben Siemens und Halske den Typenschnellschreiber
mit Wechselströmen, welche von einer galvanischen Batterie geliefert
wurden. Diese für galvanische Wechselströme eingerichteten, im XIV.
Jahrgange (S. 29) der Zeitschrift des Deutsch-österreichischen Telegraphen-Vereins beschriebenen Schnellschreiber waren seit 1862 in Berlin
namentlich zum Abtelegraphiren der metereologischen und der Curs-
telegramme in Gebrauch und arbeiteten sehr zuverlässig.

Zur Vereinfachung und Erleichterung des Setzens und Wiederab-
legens der Typen entwarfen Siemens und Halske eine verhältnissmässig
einfache Typensetzmaschine und eine Typenablegemaschine.
Eine Beschreibung derselben enthält der XIV. Jahrgang (S. 94) der
Zeitschrift des Deutsch-österreichischen Telegraphen-Vereins.

Allein auch diese Apparate fanden keine allgemeine Anwendung,
weil die Vorbereitung der Telegramme noch zu mühevoll war. Gleiches
gilt von dem durch Fig. 19 und 20 erläuterten Vorschlage von Paul
Garnier*). In Frankreich hat man mit diesem Vorschlage einen Versuch im Grossen gemacht. Dabei wurde eine Typenwalze A von 40 bis
50 Centimeter Durchmesser und Länge benutzt, auf deren Mantelfläche
ein vertiefter Schraubengang ausgearbeitet war; in diesen Schraubengang aber waren kleine Metallstücke von gleicher Breite so eingesetzt,
dass sie in schmäleren Quer-Nuthen in der Richtung der Walzenaxe $B C$
hin und her geschoben werden konnten. Die zur Versendung des Telegramms erforderlichen Metallstücke wurden bei der Vorbereitung nach
links vorgerückt, ein einzelnes zur Erzeugung eines Punktes, zwei benachbarte zur Erzeugung eines Striches; auch wurden die erforderlichen Zwischenräume zwischen den Punkten, Strichen, Buchstaben,
Wörtern gelassen. Wenn dann die Walze A bei ihrer Umdrehung sich
zugleich auf ihrer mit einem Schraubengange von gleicher Steigung
(etwa 2 Centimeter) versehenen Axe $B C$ fortschraubte, so hoben die

---

*) Die Priorität wurde Garnier von Marqfoy streitig gemacht, wie Du Moncel
(Revue des Applications de l'Électricité en 1857 et 1858, S. 212) meint, ohne
triftigen Grund. Garnier verkaufte aber später seinen Antheil an Marqfoy; vgl.
Annales Télégraphiques, 1860, S. 131.

nach links vorgeschobenen Metallstücke den durch eine Spannfeder *f*
(Fig. 20) gegen sie angedrückten Arm *EF*, legten dabei die Contactschraube *H* am Hebel *HF* an die gegen die übrigen Apparattheile isolirte Feder *JK* und schalteten so die Batterie *P* zwischen der Erde *E*
und der (unmittelbar oder unter Vermittelung der Säule *D*) leitend mit
der Axe *F* verbundenen Telegraphenlinie *L* ein. Fiel dagegen der
Arm *EF* in eine Lücke zwischen zwei Metallstücken, so wurde der
Stromkreis der Telegraphirbatterie *P* bei *K* unterbrochen. Nach dem Abtelegraphiren wurden die Metallstücke in einer besonderen Maschine
(machine à décomposer) in regelmässiger Abwechselung rechts und
links geschoben; dadurch wurde das Vorbereiten eines neuen Telegramms merklich erleichtert, da alle Punkte bereits fertig waren und
nur für die Striche und Zwischenräume. die Metallstücke verschoben zu
werden brauchten.

Zunächst mögen hier noch drei automatische Telegraphen erwähnt
werden, deren Du Moncel (Revue des Applications de l'Electricité en
1857 et 1858; Paris 1859; S. 209, 216, 215) gedenkt. Mouilleron
und Guérin setzten in ähnlicher Weise, wie es Morse versucht hatte,
das Telegramm aus Typen in eine Schiene ein, welche an ihrer Unterseite mit einer Zahnstange ausgerüstet war, um mittelst einer Kurbel
durch ein kleines Zahnrad fortbewegt zu werden, wobei eine auf der
Oberfläche der Typen schleifende Contactfeder die nöthigen Stromsen-
dungen vermittelte. Dieselbe Kurbel versetzte zugleich auch in dem
zum Aufnehmen des ankommenden Telegrammes bestimmten Theile des
Telegraphen ein Paar Walzen in Umdrehung, so dass diese den mit
einer passenden Salzlösung getränkten Papierstreifen zwischen sich fortbewegten, während eine auf dem Streifen aufliegende eiserne Feder auf
demselben elektrochemische Schrift entstehen liess. — In verwandter
Weise wollte Bréguet das Telegramm zur automatischen Versendung
dadurch vorbereiten, dass er die einzelnen Zeichen des Morse'schen Alphabetes im Vorrath mit einer (auf chromolithographischem Wege) metal-
lisch gemachten Farbe auf kleine Papierstückchen druckte, diese Papierstückchen auf einen Papierstreifen leimte und unter zwei metallenen
Contactfedern so hinführte, dass die nach der Breite des Streifens hin
nebeneinander liegenden Federn immer gleichzeitig dasselbe Elementarzeichen berührten und so den sonst zwischen den Federn unterbroche-
nen Stromkreis der Linienbatterie schlossen. — Von Baggs endlich er-
zählt Du Moncel, einem 1857 erschienenen englischen Journale folgend,
er habe in Blättern von Guttapercha kleine Kupferstifte dem abzusendenden Telegramm entsprechend einstecken, die so vorgerichteten

Blätter dann auf eine kupferne Walze legen und mit der Walze durch eine Dampfmaschine in Umdrehung versetzen wollen, damit dabei von von der Walze aus, und zwar durch die dieselben berührenden Stifte, der Telegraphirstrom einer auf der Oberfläche der Blätter schleifenden Feder und von dieser der Linie zugeführt würde.

Erfolgreicher gesellte Charles Wheatstone bei seinem 1858 patentirten automatischen Apparate zu dem von ihm in eine ganz hübsche Form gebrachten Siemens'schen Dreitastenlocher*), dem Bain'schen

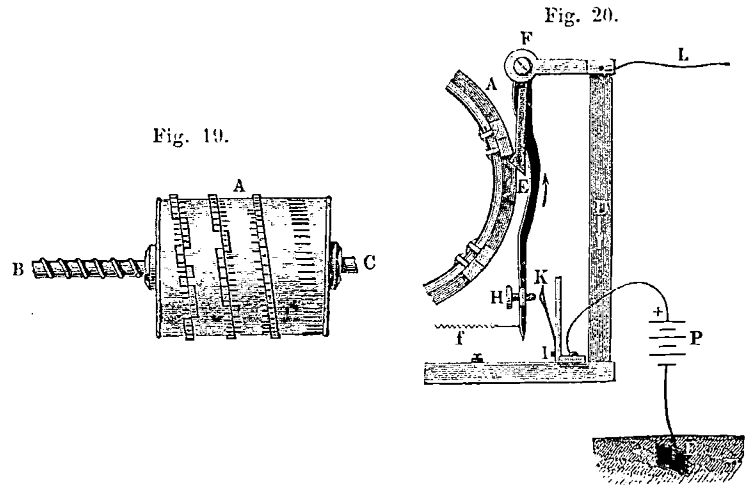

durchlochten Papierstreifen und dem Siemens'schen polarisirten Empfangsapparate einen sehr sinnreichen Stromgeber, welcher die Anwendung von Strömen von verschiedener Richtung gestattete. Diese älteren automatischen Apparate Wheatstone's waren nämlich nicht zur Erzeugung von Morseschrift bestimmt, sondern sie lieferten Steinheilschrift; unter Verwendung von positiven und negativen Strömen von gleicher Dauer schrieb der Empfangsapparat in einer an den Steinheil'schen Schreibapparat von 1836 und an dessen Abänderung von Dr. Dujardin in Lille vom Jahr 1845 erinnernden Weise mit flüssiger Farbe Punkte in zwei

---

*) Eine Abbildung und Beschreibung des ältern Empfängers, des ältern Dreitastenlochers und des ältern Stromsenders findet sich u. a. in Kuhn's Handbuch der angewandten Elektricitätslehre (Leipzig 1866), S. 961. Durchsichtiger jedoch ist eine gelegentliche Besprechung derselben in den Annales Télégraphiques, 1859, S. 175.

Zeilen auf einem Papierstreifen. Zu diesem Behufe enthielt der Schreibapparat zwei aufrecht stehende Elektromagnete mit polarisirten Ankern
in ähnlicher Form, wie sie Wheatstone unter andern auch bei seinen
Inductionszeigerapparaten verwendete. Die vier Pole jedes Elektromagnetes zogen den Anker blos bei Strömen von einer bestimmten Richtung an, stiessen ihn dagegen bei entgegengesetzter Stromrichtung ab,
in jene Stellung, in welcher ihn ein Richtmagnet zu erhalten suchte.
An jeder dieser beiden verticalen Ankeraxen sass eine horizontale Pla-
tinnadel, deren umgebogenes Ende beim Anziehen des Ankers durch
ein enges Loch nahe am Boden eines mit einer fettigen Farbe gefüllten
Gefässes hervortreten und so einen farbigen Punkt auf den vor den
beiden Löchern durch ein Triebwerk vorbeigeführten Papierstreifen
machen konnte; bei zurückgezogener Nadel floss dagegen die Farbe
nicht aus den sehr engen Löchern aus. Der zu diesem Empfangsapparate gehörige Stromsender und Dreitastenlocher zeigen in ihrer Einrichtung eine gewisse Verwandtschaft. Der Locher enthielt drei in
einer zur Längsrichtung des Streifens winkelrechten geraden Linie
stehende Stempel, und es dienten die beiden äussern Tasten und Stempel zum Durchschlagen der in zwei Zeilen vertheilten Löcher, welche
zur Bezeichnung der Buchstaben und Zahlzeichen gruppirt wurden; die
mittlere Taste und der mittlere Stempel dagegen stanzten die in einer
dritten, zwischen jenen Schriftlöchern gelegenen Zeile stehenden, merklich kleineren Löcher, welche die Zwischenräume zwischen den einzelnen Buchstaben, Wörtern und Sätzen bezeichneten, im Zeichengeber
aber blos eine Fortbewegung des gelochten Streifens veranlassten. Nun
lagen ferner die drei verticalen Stempel in einem Gatter, welches sich
um eine horizontale Axe drehen konnte und dabei, wenn vorher einer
der drei Stempel durch den Streifen hindurchgestossen worden war,
letzteren um ein durch einen Anschlag begrenztes Stück fortschob. Jede
Taste trieb aber bei ihren Niederdrücken zunächst den zugehörigen
Stempel durch den Streifen, darauf lüftete sie mittels zweier Stangen
die Feder, welche den Streifen auf seine Unterlage festdrückte, und
endlich wirkte sie auf einen Vorsprung am Gatter, drehte dadurch da-
selbe um seine Axe und verschob den durch Lüftung der Pressfeder
beweglich gewordenen Streifen. Hob sich dann die Taste durch Federwirkung wieder, so wirkte zunächst eine Spiralfeder auf jene beiden
Stangen und gestattete so der Pressfeder den Streifen wieder auf seiner
Unterlage fest zu klemmen, dann ging durch die Wirkung derselben
Spiralfeder der Stempel nieder und endlich kehrte das Gatter zugleich
mit dem Schlitz, durch welchen der Streifen hindurch geführt wurde und

in dessen Backen Führungslöcher für die Stempel angebracht waren, in seine Ruhelage zurück. In dem Zeichengeber wurde ein ähnliches, drei Nadeln enthaltendes Gatter von einer Schwungradwelle aus, mittels eines Excenters, in regelmässige Schwingungen versetzt; dabei fand bei einer bestimmten Stellung des Exenters jedesmal irgend eine der drei durch Federn nach oben gedrückten Nadeln ein Loch in dem ihnen gegenüberliegenden gelochten Streifen vor, trat durch dasselbe hindurch und schob den von der Pressfeder bereits losgelassenen Streifen um ein Stück von vorgeschriebener Länge vorwärts; in ihrer höchsten Lage stellte jede Nadel zugleich einen metallischen Contact her, und zwar schalteten dadurch die beiden äusseren Nadeln eine Batterie in die Linie ein, jedoch verband die eine den positiven Pol der einen Batterie, die andere den negativen Pol einer zweiten Batterie mit dem Leitungsdrahte, während die beiden andern Pole beider Batterien zur Erde abgeleitet waren; während somit diese beiden Nadeln kurze Ströme von entgegengesetzter Richtung in die Linie sandten, verband die dritte Nadel einfach den Empfangsapparat mit der Linie und machte ihn dadurch empfangsbereit. Vor dem Rückgange des Gatters drückte die Pressfeder den Streifen wieder fest gegen seine Unterlage.

Da Wheatstone nur Gruppen bis zu höchstens vier Punkten benutzte, so standen ihm nur 30 telegraphische Zeichen für Buchstaben und Ziffern zur Verfügung. Uebrigens baute er zur Ergänzung noch einen vierten Apparat (den Uebersetzer), mittels dessen die Steinheilschrift in gewöhnliche Schrift übersetzt werden sollte. Der Uebersetzer enthielt ein Letternrad mit jenen 30 Zeichen und eine Claviatur mit 9 Tasten in 2 Reihen; 4 von den Tasten der einen Reihe veranlassten eine Drehung des Letternrades um beziehungsweise 1, 2, 4 oder 8 Zeichen, entsprechend dem ersten, zweiten, dritten oder vierten Punkte in der einen Zeile, die 4 Tasten der andern Reihe um 2, 4, 8 oder 16 Zeichen, entsprechend dem ersten, zweiten, dritten oder vierten Punkte der zweiten Zeile*); war aber durch Drücken der den Punkten entsprechenden Tasten das Letternrad eingestellt, so wurde der eingestellte Buchstabe beim Niederdrücken der neunten Taste auf einen Papier-

---

*) Es müssten hiernach die 30 Felder oder Zeichen des Letternrades folgenden telegraphischen Zeichen entsprochen haben:

1 2 3 4 5 6 7 8 9 10 11 12 13 14 15 16

17 18 19 20 21 22 23 24 25 26 27 28 29 30

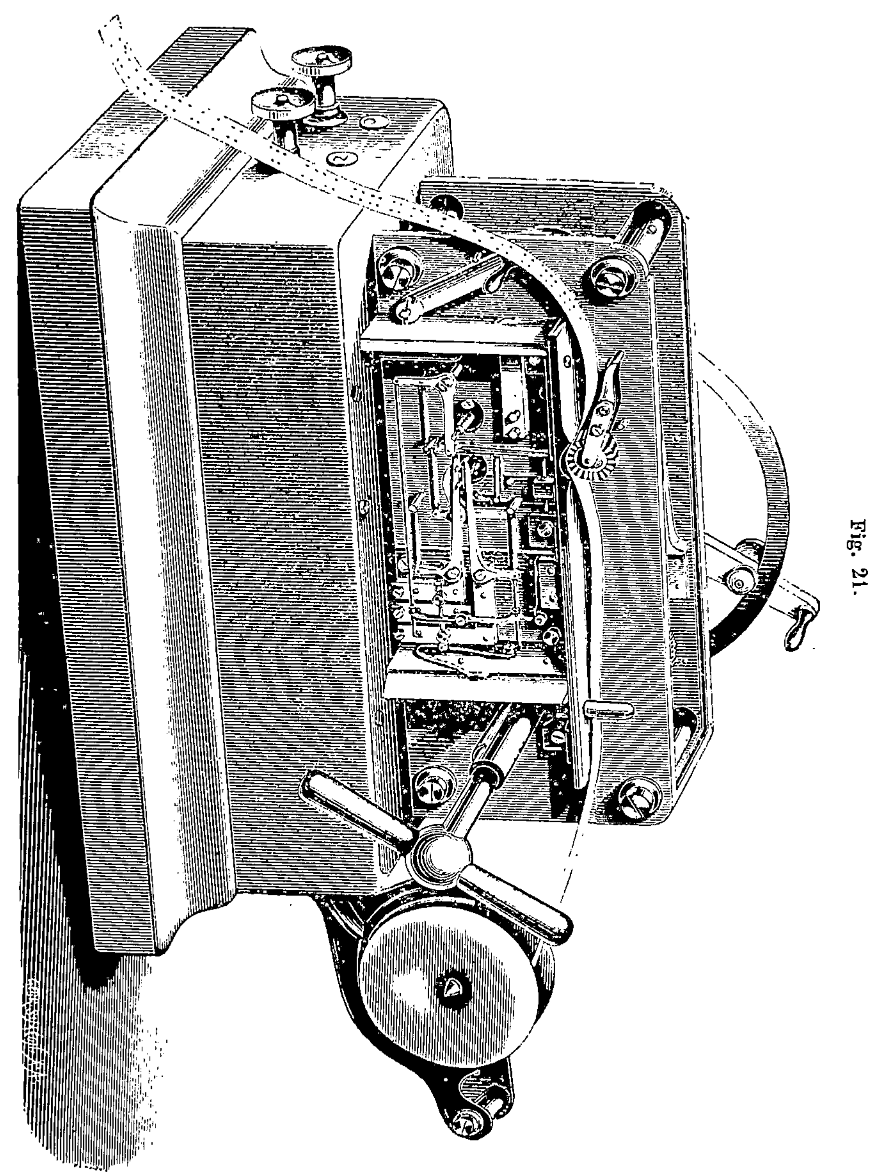

streifen gedruckt und dieser darauf um ein entsprechendes Stück fortgeschoben.

Während somit Wheatstone bei diesen früheren Telegraphen sich der positiven und negativen Ströme bediente, um durch dieselben Punkte in zwei verschiedenen Zeilen zu telegraphiren, lässt er seine neueren, bei den englischen Staatstelegraphen verwendeten, automatischen Telegraphen mit Wechselströmen arbeiten. Als Empfangsapparat dient dabei ein polarisirter Farbschreiber mit einem leichten Farbscheibchen, welches die Farbe aus einer Furche am Umfange einer beständig umlaufenden, in ein Farbegefäss eintauchenden grössern Farbzuführungswalze entnimmt. Die positiven Ströme legen durch die Wirkung des Elektromagnets auf seinen parmanent magnetischen Anker das Farbscheibchen an den Papierstreifen, die negativen führen das Farbscheibchen in die Ruhelage zurück. Der durchlochte Streifen hat dabei die Aufgabe, zu bestimmen, welche von den vom Apparate gelieferten Wechselströmen zur Erzeugung von Punkten und Strichen auf dem Papierstreifen des Empfängers in die Telegraphenlinie eintreten sollen und welche nicht. Wheatstone führt aber der Linie die Ströme nicht in der Bain'schen Weise mittels einer durch die Löcher des Streifens hindurchgreifenden und eine darunterliegende Metallwalze berührende metallene Feder oder Bürste zu, weil dabei Staub und Papierfasern, welche in die Löcher gerathen, die Berührung mangelhaft machen, und weil ausserdem die Ränder der Löcher störend und die Berührung hindernd auf die Feder wirken. Wheatstone lässt vielmehr bei seinem in Fig. 21 abgebildeten automatischen Stromgeber die stromgebenden Berührungen oder Contacte durch besondere Contacthebel und metallene Stifte herstellen und benutzt den durchlochten Streifen nur dazu, die Bewegung dieser Contacthebel zu reguliren. Dieser Streifen wird mittelst des Dreitastenlochers gleichzeitig mit drei Reihen von Löchern versehen. Die Löcher der Mittelreihe sind über die Länge des ganzen Streifens vertheilt und stehen in gleicher Entfernung von einander; sie dienen als Führungslöcher, indem die Zähne eines vom Räderwerk des Apparates getriebenen Sternrades in sie eingreifen und so den Streifen regelmässig und gleichförmig durch den Zeichengeber hindurchbewegen, welcher durch ein Gewicht getrieben wird und dessen Geschwindigkeit sich zwischen 20 und 120 Wörtern in der Minute reguliren lässt. Zu beiden Seiten genau neben den Löchern der Mittelreihe stehen die stromgebenden Löcher (Schriftlöcher), die für die positiven Ströme in der hintern, die für die negativen in der vordern Reihe, natürlich aber beide immer nur an den Stellen, wo wirklich eine Stromgebung erfolgen soll.

Der Lochapparat enthält*) demgemäss drei Stempel, welche sich durch das Niederdrücken von drei Tasten bewegen und durch das Papier hindurchstossen lassen; die eine derselben ist für den Strich, die andere für den Punkt, die dritte für den Zwischenraum bestimmt. Die eine Taste dieses Dreitastenlochers erzeugt beim jedesmaligen Niederdrücken blos ein Loch in der Mittelreihe; die zweite und dritte Taste nehmen bei ihrem Niederdrücken allemal die erste Taste mit, und es lässt demnach die zweite Taste ausser dem Loche in der Mittelreihe zwei Löcher zu beiden Seiten unmittelbar neben diesem entstehen, die dritte

Fig. 22.

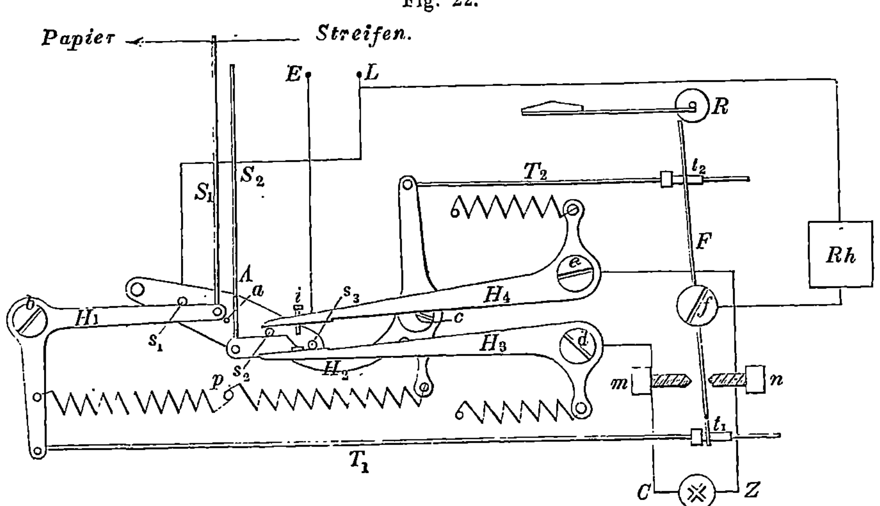

Taste aber stanzt zwei Löcher in der Mittelreihe und ein Loch für einen positiven Strom neben dem ersten und ein Loch für einen negativen Strom neben dem zweiten dieser beiden Löcher in der Mittelreihe. Kehrt die niedergedrückte Taste in ihre Ruhelage ·zurück, so wird der Streifen noch um die nöthige Länge verschoben. Das Lochen wird wesentlich erleichtert durch Anwendung eines pneumatischen Apparates, in welchem die Tasten durch mittels verdichteter Luft bewegte Kolben niedergedrückt werden. Drei Tasten, ähnlich denen eines Klaviers, öffnen die Ventile, und es ist dazu nur ein so leichter Druck erforderlich, dass drei oder selbst vier Streifen von einem Frauenzimmer,

---

*) Vgl. R. S. Culley, Handbook of Practical Telegraphy; 5. Aufl. (London 1871), S. 248.

wenn dasselbe eingeübt ist, im Verhältniss von 40 Wörtern in der Minute durchlocht werden können.

Der Stromsender enthält nun, wie Fig. 22 deutlicher zeigt, in einem aus Ebonit gefertigten (und deshalb isolirenden), von dem Räderwerke in gleichförmige Schwingungen um seine Axe a versetzten zweiarmigen Hebel oder Balancier A drei Metallstifte s_1, s_2 und s_3; der erste s_1 im linken Hebelarme ist mit der Linie L, der dritte s_3 im rechten Hebelarme mit der Erde E leitend verbunden, während vom zweiten s_2, zwischen s_3 und der horizontalen Axe a des Balanciers A befindlichen, kein Leitungsdraht abzweigt. Der Zink- und der Kupfer-Pol Z und C der Telegraphir-

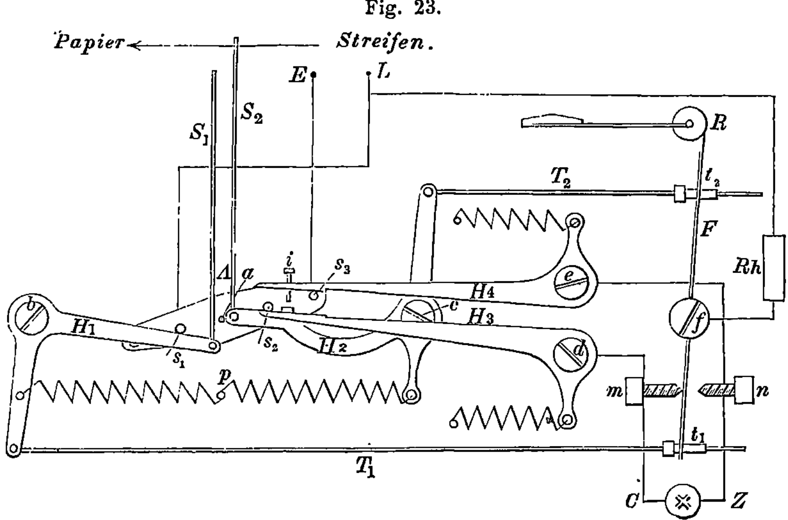

Fig. 23.

batterie sind an zwei Winkelhebel H_3 und H_4 geführt; durch Federwirkung wird der um e drehbare Hebel H_4 von oben, der um d drehbare Hebel H_3 aber von unten an die Stifte s_2 und s_3 herangedrückt; in der in Fig. 22 angegebenen tiefsten Stellung des rechten Balancierarmes liegt H_3 an s_3 und H_4 an s_2, in der durch Fig. 23 dargestellten höchsten Stellung des rechten Armes dagegen liegt H_3 an s_2 und H_4 an s_3. Zugleich ist, zur Verhütung eines kurzen Schlusses der Batterie, durch eine Stellschraube i dafür gesorgt, dass in der mittlern Stellung des Balanciers nicht beide Hebel H_3 und H_4 an beiden Stiften s_2 und s_3 zugleich liegen. Die leitende Verbindung zwischen s_2 und s_1 sind zwei andere, um b und c drehbare Winkelhebel H_2 und H_1 zu vermitteln bestimmt, welche ebenfalls durch Spannfedern p an die Stifte s_2 und s_1

emporgedrückt und durch diese Federn zugleich auch unter sich leitend verbunden werden. Die Hebel H_2 und H_1 wollen deshalb ebenfalls dem Spiel des Balanciers A folgen, doch sind sie in ihrer Bewegung nicht frei, weil an ihren Enden zwei Nadeln S_2 und S_1 sitzen, welche bis zu dem über ihnen hin laufenden gelochten Streifen hinaufreichen und durch Federn und Stellschrauben so geführt werden, dass sie bei ihrer Aufwärtsbewegung stets gerade auf diejenigen Stellen dieses Streifens treffen, wo die stromgebenden Löcher ihren Platz in demselben haben. Die Hebel H_2 und H_1 bleiben also zwar bei dem Niedergange des zuge-

Fig. 24.

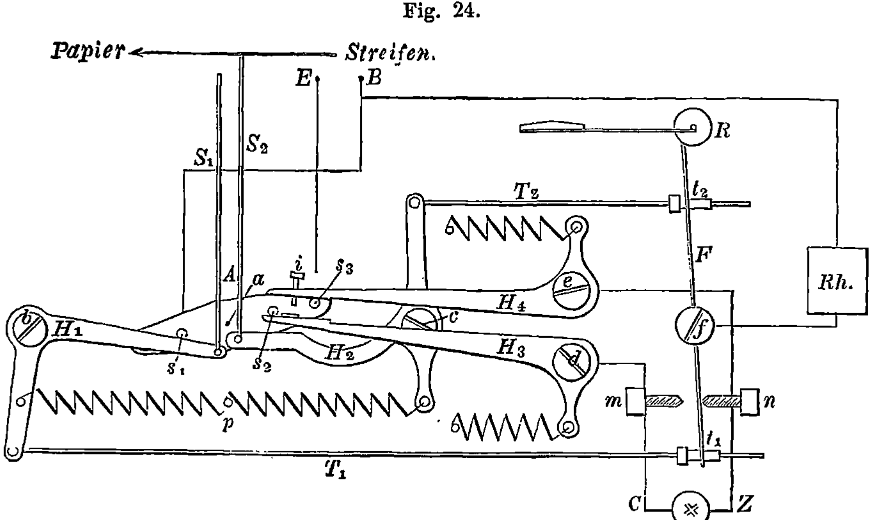

hörigen (für H_2 des rechten, für H_1 des linken) Balancierarmes stets in Berührung mit dem, einem jeden derselben erreichbaren Stifte s_2 und s_1, beim Aufgange dieses Armes aber nur dann, wenn gleichzeitig die Nadeln S_2 und S_1 im Streifen ein Loch vorfinden und durch dasselbe hindurchtreten können; trifft die betreffende Nadel auf kein Loch, so verlässt ihr Winkelhebel den eben aufwärts gehenden Stift s_2 oder s_1. Während der Balancier eine ganze Schwingung macht, muss der gelochte Streifen genau um den Abstand zweier auf einander folgender Löcher in der Führungsreihe fortbewegt werden; die an dem Hebel H_1 befindliche Nadel S_1 aber berührt den Streifen an einer um die Hälfte dieses Abstandes weiter nach links gelegenen Stelle, so dass also die Nadel S_1 das für sie geltende, neben demselben Loche der Mittelreihe stehende Loch genau um eine halbe Schwingung später trifft, wie die Nadel S_2 das für diese geltende Loch.

Hiernach wird das Spiel des Apparates leicht zu überblicken sein. Beim Niedergange des linken Balancierarmes liegt H_1 an s_1, H_4 an s_3; trifft nun dabei, wie in Fig. 23 die an H_2 sitzende Nadel S_2 auf ein Loch im Streifen, so liegen H_2 und H_3 zugleich an s_2, und es geht der positive Strom der jetzt mit dem Zinkpole Z über H_4 und s_3 zur Erde E abgeleiteten Batterie von C über H_3, s_2, H_2, p, H_1 und s_1 in die Linie L; trifft dagegen S_2 auf kein Loch, wie es in Fig. 24 der Fall ist, so bleibt H_2 von s_2 fern, und der Strom kann von H_3 nicht auf H_2 übergehen,

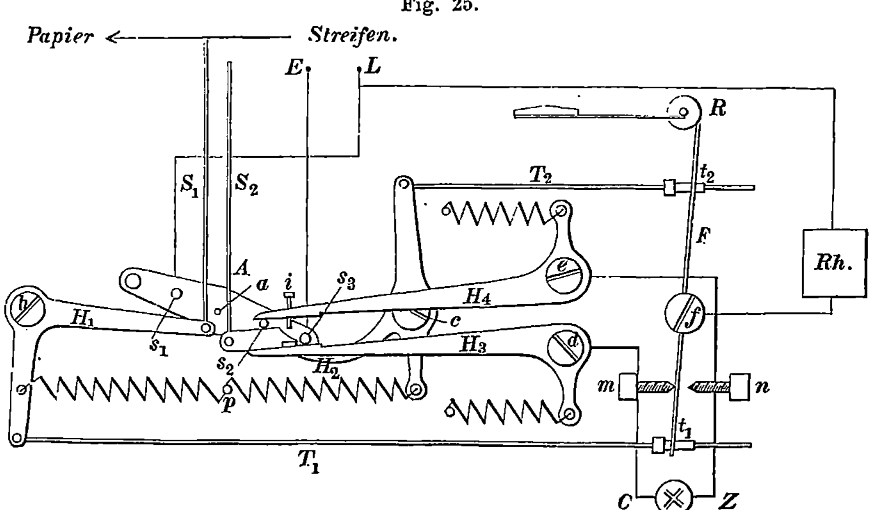

Fig. 25.

also auch nicht in die Linie eintreten. Bei dem in Fig. 22 gezeichneten Niedergange des rechten Balancierarmes ferner liegt H_3 an s_3, H_2 aber und H_4 an s_2; findet nun hierbei die an H_1 befestigte Nadel S_1 im Streifen ein Loch vor, so kann sich H_1 an s_1 legen, und der negative Strom der jetzt mit dem Kupferpole C über H_3 und s_3 zur Erde E abgeleiteten Batterie tritt von Z über H_4, s_2, H_2, p, H_1 und s_1 in die Linie L ein; findet hingegen S_1 kein Loch, so bleibt, wie Fig. 25 erkennen lässt, H_1 von s_1 fern und der Strom hat keinen Weg, auf welchem er von H_4 aus nach s_1 und in die Linie gelangen könnte. Hieraus lässt sich zugleich noch erkennen, dass der Schreibapparat einen Punkt schreiben wird, wenn der vom Stromsender eben abtelegraphirte Streifen neben demselben Loche der Mittelreihe sowohl in der Reihe der positiven wie

in der Reihe der negativen stromgebenden Löcher ein Loch enthält;
soll dagegen der Schreibapparat einen Strich schreiben, so darf das
den Strich beendende Loch in der Reihe der negative Ströme sendenden
Löcher erst neben dem nächstfolgenden Loche der Mittelreihe stehen.
Einen leeren Zwischenraum zwischen zwei Buchstaben oder Wörtern
endlich lässt der Schreibapparat entstehen, so oft ein Loch der Mittelreihe weder in der Reihe der positiven, noch in der Reihe der negativen
stromgebenden Löcher ein Loch neben sich hat.

Zu erwähnen ist noch, dass beim Durchgange des Balanciers durch
die horizontale Lage die Linie L jedesmal vorübergehend mit der Erde
E in leitende Verbindung gebracht und dadurch entladen wird. Denn
in der horizontalen Lage des Balanciers liegen stets s_1 und s_2 an H_1 und
H_2, so dass L mit s_2 verbunden ist; beim Abwärtsgehen des rechten
Armes aber berührt H_4, beim Aufwärtsgehen desselben dagegen H_3
während der horizontalen Lage die Stifte s_2 und s_3 zugleich und setzt
so L über s_2 und s_3 mit E in Verbindung.

Fig. 26.

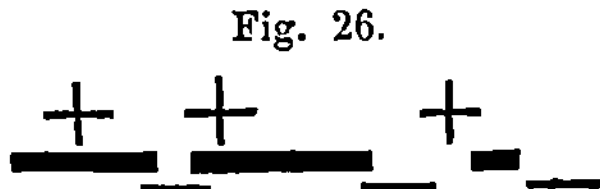

Beim Telegraphiren von Morseschrift mittels der Wechselströme
hat sich nun der Uebelstand gezeigt, dass infolge der elektrischen La-
dungen der Linie L die Punkte, welche vor einem Striche stehen, sich
zu verlängern und mit dem Striche zusammenzufliessen streben, und
dass umgekehrt ein Punkt, welcher auf einen Strich folgt, sich unter
Vergrösserung des Zwischenraums zwischen beiden verkürzt und leicht
verloren geht. In welchem Grade auf diese Weise der Buchstabe „r"
der Morseschrift verunstaltet wird, macht Fig. 26 anschaulich, in welcher zugleich die zum Niederschreiben dieses Buchstabens erforderlichen sechs Ströme durch deren Vorzeichen + und — angedeutet sind.
Zur Verhütung solcher Verunstaltungen der Schrift hat Culley den bei
den englischen Post-Office-Telegraphen benutzten Wheatstone'schen
Zeichengeber so abgeändert und vervollkommnet, dass er durch soge-
nannte Compensationsströme jene die Zeichen fälschenden Ladun-
gen der Linie wesentlich vermindert. Dazu dient der um die Axe f
drehbare metallene Hebel F, welcher von den Hebeln H_1 und H_2 aus
mittelst der Schubstangen T_1 und T_2 und der isolirenden Ansätze t_1 und
t_2 daran zwischen den Contactschrauben m und n hin und her bewegt
wird, während ihn die auf einer Feder sitzende Rolle R in seiner jedes-

maligen Lage zu erhalten strebt. Von der Axe f führt ein Draht durch
einen regulirbaren Widerstand Rh nach der Leitung L, die Schrauben
m und n dagegen stehen in leitender Verbindung mit den Polen C und Z.
Konnte nun der dem Niedergehen des linken Balancierarms voraus-
gehende negative Strom nicht in die Leitung L eintreten, so konnte H_1
durch T_1 auch nicht den Hebel F in die in Fig. 24 gezeichnete Lage
bringen, vielmehr blieb F in der in Fig. 25 angegebenen Stellung liegen;
daher kann jetzt (Fig. 27), wenn S_2 auf kein Loch im Streifen trifft, ein
schwächerer positiver Compensationsstrom von C über m, f und Rh in
die Linie L treten. In ähnlicher Weise wird bei der in Fig. 28 skizzir-

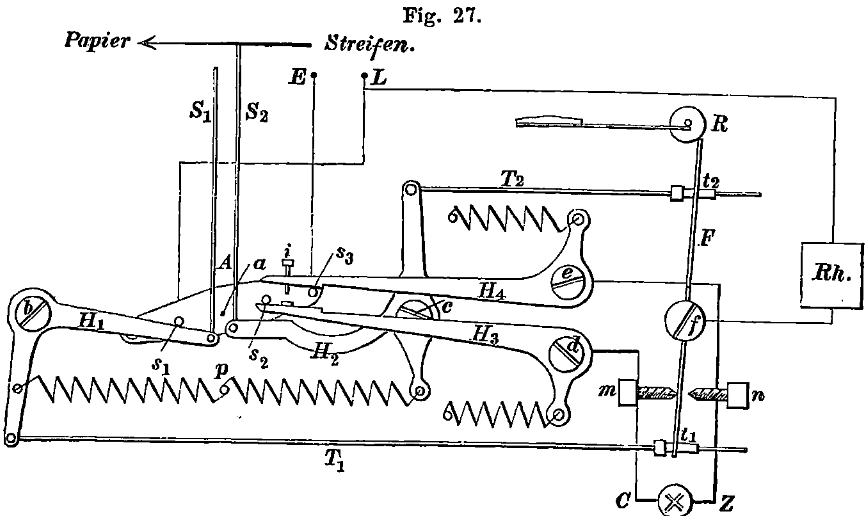

Fig. 27.

ten Lage von F, welche eintritt, wenn der beim vorausgehenden Niedergange des linken Balancierarms abzusendende positive Strom nicht in
die Leitung eintreten konnte (d. h. wenn unmittelbar vorher ein Zwischenraum telegraphirt wurde, Fig. 24) ein schwächerer negativer Compensationsstrom von Z über n, F, f und Rh der Leitung L zugeführt.
Ausserdem wird auch hierbei wieder beim Durchgange des Balanciers
durch seine horizontale Lage die Linie L jedesmal auf kurze Zeit mit
der Erde verbunden, obwohl die dadurch herbeigeführte Entladung der
Linie vor einem darauffolgenden Compensationsstrome nicht beabsich-
tigt wird, weil doch der Compensationsstrom mit dem ihm vorausge-
gangenen Telegraphirstrom gleich gerichtet ist. Bei Anwendung von
Compensationsströmen wird dann der Morsebuchstabe „r" nicht in der

aus Fig. 26 ersichtlichen Weise verunstaltet werden, sondern seine regelmässige Form annehmen, welche Fig. 29 zeigt; aus dieser Figur ist nebenbei zu entnehmen, dass zum Niederschreiben des „r“ ausser den schon erwähnten, durch etwas grössere Vorzeichen $+$ und $-$ angedeuteten Strömen jetzt noch zwei Compensationsströme durch die Telegraphenlinie gesendet werden, nämlich ein positiver und ein negativer, letzterer vor dem ersten Punkte, ersterer am Ende des Striches, worauf die an diesen Stellen in Fig. 29 vorhandenen etwas kleineren Vorzeichen hindeuten.

Mit dem Wheatstone'schen Telegraphen erzielte man 1873 eine

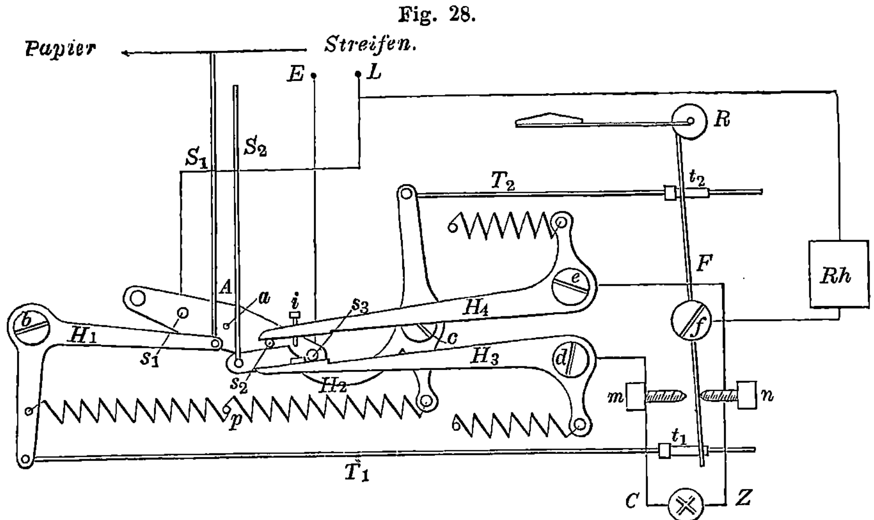

Fig. 28.

Geschwindigkeit von 60 Wörtern in der Minute auf der Linie von London nach Aberdeen, von 90 nach Sunderland, von 120 nach Manchester, Liverpool, Cardiff. Bei einer Geschwindigkeit von 120 Wörtern in der Minute sind an jedem Ende der Linie sieben bis acht Beamte zur Bedienung nöthig: drei zum Lochen, einer zur Ueberwachung des Apparates und drei bis vier Schreiber. In einigen Fällen waren bis vier Stationen in die der Presse überlassenen Linien eingeschaltet, in welchen 1000 Wörter in 20 Minuten zugleich an jede Station und mit Regelmässigkeit telegraphirt wurden. Für Zeitungstelegramme ·werden die Streifen in zwei, ja selbst in drei Exemplaren zugleich durchlocht, und derselbe Streifen wird nacheinander auf verschiedenen Linien abtelegraphirt, also für verschiedene Reihen von Empfangsstationen benutzt.

In der That, nur mittelst der automatischen Beförderung vermag das Post-Office, unter welchem die englischen Staatstelegraphen stehen, die ihm durch die Press-Association zugeführte Masse von Arbeit zu bewältigen. (Vgl. Journal of the Society of Telegr. Eng., No. 1, S. 47.)

Der Dreitastenlocher der Gebrüder Digney war zugleich mit dem zugehörigen Stromsender 1862 auf der Londoner Industrie-Ausstellung zu sehen (vgl. Annales Télégraphiques, 1864, S. 323); eine Beschreibung und Abbildung derselben giebt Du Moncel in seinem Traité de Télégraphie Électrique (Paris 1864; S. 397). Dieser Locher stanzt die Punkte und Striche der Morseschrift so, dass die Striche in einer Zeile für sich stehen und die Punkte in einer zweiten Zeile daneben. Die zum Stanzen der Striche und der Punkte bestimmte erste und zweite Taste wirken nämlich auf zwei verticale Hebel, welche nahe übereinander beziehungsweise einen längeren und kürzeren Stempel tragen; beim Drücken jeder Taste stösst der Hebel ein Loch von der Länge des Stempels in den Papierstreifen, welcher in einer Verticalebene durch

Fig. 29.

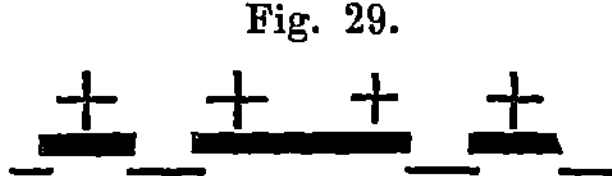

ein kleines Walzwerk an den Stempeln vorübergeführt wird; auf der Axe der einen Walze sitzt nämlich ein Sperrrad, welches ein Sperrkegel beim Rückgange der ersten und zweiten Taste beziehungsweise um zwei oder um einen Zahn fortschiebt, weil beim Niederdrücken jeder Taste der zu ihr gehörige verticale Hebel einen jenseits der Drehaxe des Sperrkegels liegenden Fortsatz des letzteren soweit seitlich verschiebt, dass der Sperrkegel in dem einen Falle über zwei Zähne, in dem andern über nur einen Zahn fortgreift. Die dritte Taste wirkt blos auf den oben erwähnten Fortsatz, weil sie nur dazu bestimmt ist, die Zwischenräume zwischen den Buchstaben und den Wörtern vorzubereiten. Beim Abtelegraphiren wird der gelochte Streifen durch ein Triebwerk mittels eines Walzenpaares über eine Rolle hinweggezogen; an derselben Stelle werden aber zwei Nasen von zwei Federn mit einem gewissen Drucke auf dem Streifen aufgedrückt und fallen daher die eine in jedes längere, die andere in jedes kürzere Loch des Streifens bei dem Vorüberziehen desselben ein; indem nun die erste Nase bei ihrem Einfallen in ein kürzeres Loch den einen, die zweite Nase bei ihren Einfallen in ein längeres Loch den andern von zwei auf derselben Axe mit den beiden Nasen sitzenden und mit je einer Nase verbundenen Contacthebeln von

der nach dem Empfangsapparate und der Erde führenden Ruhecontactschraube entfernt und an die mit dem einen Batteriepole leitend verbundene Arbeitscontactschraube anlegt, sendet sie einen kürzern oder
längern Strom über den betreffenden Contacthebel in die Telegraphenleitung, weil der zweite Pol der Batterie zur Erde abgeleitet ist, während die beiden Contacthebel mit der Leitung in Verbindung stehen.
Die beiden Contacthebel sind übrigens so mit einander verbunden, dass
jeder, bevor er seinen Arbeitscontact erreicht, auch den andern Contacthebel ein wenig vom Ruhecontacte abhebt, da sonst der Strom nicht
in die Linie eintreten, vielmehr blos den Empfänger der telegraphirenden Station durchlaufen würde. Obgleich das Arbeiten auf diesem
Dreitastenlocher wegen des grossen Gewichtes der Stempelhebel weit
beschwerlicher war, als das Arbeiten mit dem Morsetaster oder auf
Wheatstone's Dreitastenlocher, so vermochte man doch mit ihm 7 bis 8
Wörter in der Minute zu stanzen*), mit dem Stromsender aber gelang
es bei den Versuchen 35 Wörter (175 Buchstaben) in einer Minute zu
telegraphiren. Die Papierbewegung im Stromsender liess, wie die Bewegung durch Walzen immer, viel zu wünschen, da das Papier zwischen
den Walzen ziemlich unregelmässig rutschte. — Die Gebrüder Digney
entwarfen auch einen einfacheren Locher mit blos 2 Tasten, welcher
die Striche auf zwei Mal stanzte.

Den gelochten Streifen und Wechselströme benutzte 1860 auch
Thomas Allan, in dessen automatischem Zeichengeber jedoch durch
den gelochten Papierstreifen zunächst nur eine Localbatterie geschlossen wurde; deren Ströme wirkten dann mittels eines durch einen Elektromagnet bewegten Sperrzeuges auf eine Unterbrechungsvorrichtung,
welche zwei gegen einander isolirte Schliessungsräder und zwei abwechselnd auf dem einen oder dem andern Schliessungsrade schleifende
Contactfedern enthielt, von denen die eine mit der Linie, die andere mit
der Erde verbunden war; bei der Umdrehung der Schliessungsräder
wurden von zwei auf der Axe derselben schleifenden, mit den beiden
Polen der Linienbatterie verbundenen Contactfedern aus abwechselnd
positive und negative Ströme in die Linie gesendet; gleichzeitig besorgte
aber derselbe Elektromagnet durch ein zweites Sperrzeug auch das
schrittweise Aufziehen einer treibenden Feder, welche dann die Fortbewegung des gelochten Streifens bewirkte. Auf der Empfangsstation
verwendete Allan ausser dem eigentlichen Empfangsapparate, welcher
blos Punkte, jedoch in regelmässiger Abwechselung in zwei verschiede-

---

*) Nach L. Bergon, vgl. Annales Télégraphiques, 1860, S. 130.

nen Zeilen schrieb, ein polarisirtes Relais, verlegte aber die Unter-
brechungsstelle des Localstroms aus dem Relais in den Empfangsapparat,
um das Ueberspringen der Funken am Relais zu beseitigen. Dazu diente
ein von einem am Ankerhebel des Schreibapparates sitzenden Sperrkegel schrittweise umgedrehtes Schliessungsrad, während ein an demselben Ankerhebel sitzender zweiter Sperrkegel die den Papierstreifen
des Schreibapparates bewegende Triebfeder regelmässig spannte. So
oft der Ankerhebel des Schreibapparates angezogen und dabei das
Schliessungsrad um einen Schritt gedreht wurde, gelangte die eine auf
dem Schliessungsrade schleifende Contactfeder (durch welche der von
dem einen Batteriepole durch den Schreibapparatelektromagnet hindurch mittels einer auf der Axe des Schliessungsrades aufliegenden
Feder dem letzteren zugeführte Localstrom so eben nach dem an seiner
ersten Contactschraube liegenden Relaishebel und von diesem nach
dem zweiten Batteriepole weiter geführt worden war) auf eine nicht
leitende Stelle des Umfangs, und es wurde dadurch dieser Stromweg unterbrochen; gleichzeitig rückte jedoch die zweite auf dem Schliessungsrade schleifende Feder von einer nicht leitenden Stelle auf eine leitende,
so dass der Relaishebel später, wenn ihn der nächstfolgende, entgegengesetzt gerichtete Linienstrom an seine zweite Contactschraube anlegte,
den Localstrom auf einem zweiten Wege durch den Schreibapparat hindurch schliessen musste. Es standen nun aus jenem auf der Axe des
Schliessungsrades sitzenden Sperrrade, in welches jener die Umdrehung
des Schliessungsrades vermittelnde Sperrkegel sich einlegte, noch Stifte
vor und wirkten bei der Drehung des Sperrrades abwechselnd auf den
einen oder den andern der beiden Schreibhebel, um die an letzteren
befindlichen Schreibstifte abwechselnd in den an ihnen vorübergeführten
Papierstreifen einzudrücken.

Der Lochapparat Allan's enthielt 30 Tasten in drei Reihen; unter
den Tastenhebeln lagen, um eine gemeinschaftliche Axe drehbar, acht
Stahlschienen, welche beim Niederdrücken der Tasten mit niedergedrückt wurden, sofern der betreffende Tastenhebel an der Stelle, wo er
über die eine oder die andere Schiene hinwegging, nicht auf seiner
Unterseite ausgehöhlt war; jede niedergedrückte Schiene trieb stets
einen von acht in einer Reihe liegenden Stempeln durch den Streifen. Die
sechs Vocale a, e, i, o, u und y wurden aber durch ein bis sechs Punkte,
jeder andere Buchstabe durch zwei Gruppen*) von im Ganzen höchstens

---

*) Eine blos aus Punkten, aber in eine Zeile bestehende Schrift, bei welcher
jeder Buchstabe durch zwei Gruppen von Punkten wiedergegeben werden sollte,

sieben Punkten ausgedrückt, und diese zwei Gruppen waren durch einen Zwischenraum von einen Punkt Länge von einander getrennt. Somit liessen sich mit jenen acht Stempeln alle Buchstaben in den Streifen stanzen. Die letzte der jedesmal niedergedrückten Schienen bestimmte die Anzahl Zähne, um welche ein Sperrkegel ein Sperrrad drehte, welches dann beim Loslassen der niedergedrückten Taste den Streifen so weit fortschob, dass hinter dem letzten gestanzten Loche noch ein Zwischenraum von zwei Punkten Länge frei blieb. Mittels der Taste „Zwischenraum" endlich wurde am Ende jedes Wortes ein leerer Raum von vier Punkten Länge erzeugt.

In dem 1862 erschienenen 5. Bande (S. 296) seines Exposé des Applications de l'Electricité ferner bespricht Du Moncel ausser den Automaten von Digney und Allan auch den von Renoir, welcher dem 1857 patentirten, übrigens ziemlich verwickelten von Humaston ähnlich ist. Renoir versuchte gleich ganze Morsebuchstaben auf einmal zu stanzen und verband zu diesem Behufe 14 lange, um dieselbe Axe drehbare und durch Spiralfedern nach oben gedrückte Hebel an ihren Enden mit 14 Stahlschienen, deren untere schneidenförmige Enden als Locheisen dienen konnten. Diese Schienen oder Messer lagen winkelrecht zu den sie tragenden Hebeln und so dicht aneinander, dass sie alle zugleich niedergedrückt werden konnten und dabei in dem unter ihnen befindlichen Papierstreifen ein ununterbrochenes Loch von der Gesammtlänge aller Schneiden (d. h. von 56 Millimeter Länge) erzeugten.

In einer an Hipp's Buchstabenschreibtelegraphen vom Jahre 1851 erinnernden Weise wollten Vavin und Fribourg verfahren. Sie wollten nämlich, wie Blavier in seinem Nouveau Traité de Télégraphie Electrique (2. Bd.; Paris 1867; S. 307) berichtet, Typen mit elf gegen einander isolirten Zügen herstellen, aus denen sich alle Buchstaben der gewöhnlichen (lateinischen) Schrift bilden liessen. Die zu demselben Telegramm erforderliche Anzahl von solchen Typen sollte in einen Rahmen eingesetzt, das Telegramm aber aus ihnen dann in der Weise zusammengestellt werden, dass alle diejenigen Züge mit einem Isolirmittel überzogen wurden, welche zur Wiedergabe des Buchstabens erforderlich waren. Von jedem Zuge jeder Type endlich würde ein

hatte schon viel früher Dr. Dujardin in Lille für seinen Schreibapparat vorgeschlagen, in welchem ein durch Magnetinductionsströme bewegter polarisirter Anker einen Hebel bewegte und diesen mit gewöhnlicher Tinte Punkte auf ein um eine grosse Walze gelegtes Papierblatt schreiben liess. Vgl. Moigno, Traité de Télégraphie Electrique; Paris 1849; S. 342 ff. — Ausführlicheres über Allan's Telegraph und Abbildungen desselben bietet Mechanics' Magazine, Bd. IV (1860), S. 37.

isolirter Draht nach einem Metallcontact am Umfange einer Trommel
zu führen sein. Auf der Empfangsstation sollten von einer ähnlichen
Trommel isolirte Drähte nach einem ähnlichen mit chemisch präparirtem Papier belegten Rahmen geführt werden. Ueber die Umfänge
beider Trommeln sollten sich in ganz gleichem Schritte je ein Arm oder
Zeiger bewegen und beide Zeiger durch die Telegraphenleitung mit
einander verbunden werden. Die Batterie aber wäre dabei so einzuschalten, dass sie geschlossen oder unterbrochen war, je nachdem auf
der telegraphirenden Station der Zeiger auf einem Contact lag, dessen
Draht nach einem isolirten oder nach einem nicht isolirten Zuge führte;
dabei würden dann natürlich nur die isolirten Züge auf dem chemischen
Papiere wiedererzeugt werden.

Auf einem etwas andern Wege als ihre Vorgänger suchten Chauvassaigne und Lambrigot*) zum Ziele zu gelangen. Bei ihrem
automatischen Apparate, welcher im September 1867 zwischen Paris
und Lyon probirt wurde, schrieben sie nämlich mittels eines einfachen
Tasters das Telegramm in Morsezeichen mit einer geschmolzenen Harzmasse auf eine Metallplatte, über welche dann die dasselbe abtelegraphirende Feder oder Rolle schleifte**); auf der Empfangsstation wurden
die Zeichen elektrochemisch auf einem Papierstreifen hervorgerufen.
Dieser Streifen wurde aber sehr vortheilhaft erst unmittelbar vorher
mit der zu zersetzenden Lösung von gelbem Blutlaugensalz und salpetersaurem Ammoniak getränkt, indem er unmittelbar vor dem Eisenstifte,
mittels dessen die Lösung im Streifen zersetzt werden sollte, über ein
Scheibchen hinweggeführt wurde, welches in ein mit jener Lösung gefülltes Näpfchen eintauchte. Muss dagegen die Empfangsstation das
Telegramm noch weiter telegraphiren, so lässt sie die Zeichen vom
Empfangsapparate gleich mit Harzmasse auf ein Metallband schreiben,
und dieses wird dann unmittelbar wieder automatisch abtelegraphirt.

Die Herstellung der durchlochten Streifen versuchte ferner der
Telegrapheninspector Georg Schneider bei seinem 1870 in Oesterreich patentirten automatischen Telegraphen in eigenthümlicher Weise dadurch
zu bewirken, dass er das Telegramm mittels eines gewöhnlichen Morsetasters abtelegraphiren liess, beim Niederdrücken des Tasters wurde
aber der elektrische Strom nur in einen localen Stromkreis gesendet,
in welchen ein dem Morse'schen Schreibapparate ganz ähnlicher Apparat

---

*) Vgl. Zeitschrift des Deutsch-österreichischen Telegraphen-Vereins, Jahrg.
XIV, S. 98.

**) Rücksichtlich der Art der Vorbereitung des abzusendenden Telegramms
steht dieser Telegraph also den Copirtelegraphen nahe.

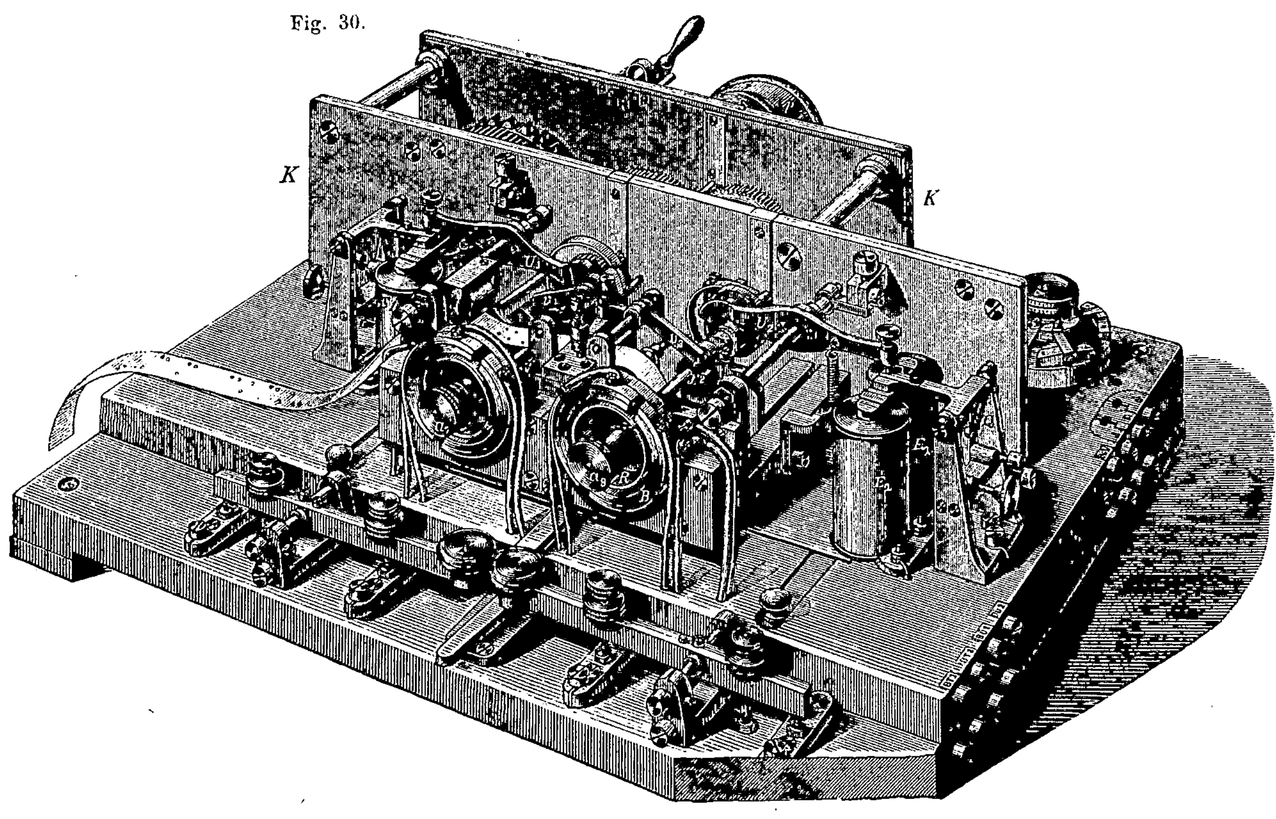

Fig. 30.

eingeschaltet war, nur dass die Schreibspitze durch eine schnell umlaufende Stahlfrässe ersetzt war und ein der Stromdauer entsprechendes längeres oder kürzeres Loch in den Papierstreifen frässte, weil der Elektromagnet, während er vom Strome durchlaufen wurde, seinen Ankerhebel anzog und so die am andern Ende des Ankerhebels sitzende Frässe an den Papierstreifen drückte. Hätte sich diese Durchlochungsvorrichtung Bahn zu brechen vermocht, so würde man allerdings ebenfalls den Vortheil gehabt haben, dass man auf den Empfangsstationen anstatt eines Morse-Schreibeapparates auch einen solchen MorseLocher hätte einschalten können; man hätte davon (in ähnlicher Weise wie nach dem Vorschlage von Chauvassaigne und Lambrigot) namentlich in dem Falle Nutzen ziehen können, wenn das Telegramm von der Empfangsstation noch weiter telegraphirt werden musste, denn dann hätte es auf der Empfangsstation nicht einer nochmaligen Vorbereitung des Telegramms zur automatischen Beförderung bedurft.

Des ebengenannten Vorzugs erfreut sich auch der in Fig. 30 abgebildete, von G. Jaite in Berlin 1868 bis 1870 entworfene und mit dem Namen „Fernschreiber" belegte Telegraph*), welcher die Vorzüge des Morse'schen Telegraphen mit denen des auch in Deutschland ziemlich verbreiteten Typendrucktelegraphen von Hughes vereinigen soll und deshalb dem letztern in mancher Beziehung ähnelt, sich aber unter andern auch dadurch vor ihm auszeichnet, dass die Apparate der beiden zusammenarbeitenden Stationen nicht in synchroner Bewegung erhalten zu werden brauchen. Der Fernschreiber liefert nicht Morseschrift (Striche und Punkte in einer Zeile), sondern Steinheil'sche Schrift, welche aus Punkten allein besteht, dafür aber die Punkte auf zwei verschiedene Zeilen vertheilt. Das von Jaite aufgestellte Alphabet weicht jedoch in mehreren Beziehungen nicht unvortheilhaft von dem Steinheil's ab. Die Punkte werden durch gleichkurze positive und negative Ströme erzeugt, welche der Telegraphist mittelst zweier nebeneinander liegender Morsetaster T_1 und T_2 in die Linie sendet. Die Einschaltung dieser beiden Taster und der Batterie B zwischen der Telegraphenleitung L und der Erdleitung E erläutert Fig. 31, in welcher k und k_1 die beiden Tasteraxen, n und n_1 die beiden Arbeitscontacte, o und o_1 aber die beiden Ruhecontacte der Taster bedeuten. Stellt der eine Tasterhebel eine metallische Verbinduug zwischen k und n her, so tritt

---

*) Eine sehr ausführliche, durch viele Abbildungen erläuterte Beschreibung dieses Telegraphen und der demselben beigegebenen eigenthümlichen Uebertragungsvorrichtung brachte das Journal Télégraphique im 2. Bande, No. 33 u. 34.

der positive Strom vom Kupferpole c aus über n und k in die Linie L, beim Niederdrücken des andern Tasterhebels aber der negative vom Zinkpole z aus über o und k. Dem entsprechend enthält auch der Empfangsapparat zwei Electromagnete E_1 und E_2; die aufrecht stehenden Kerne derselben bestehen aus weichem Eisen und werden ähnlich wie bei dem Typendrucker von Hughes dadurch polarisirt, dass sie mit ihren unteren Enden auf den Schenkeln zweier Hufeisenmagnete stehen; doch wurden diese Hufeisenmagnete beim Fernschreiber ganz zweckmässig horizontal gelegt, während die beim Hughes aufrecht stehen. Die Kerne jener beiden Elektromagnete E_1 und E_2 halten also für gewöhnlich ihre Anker angezogen. Wird aber mit dem einen Taster T_1 ein positiver oder mit dem andern T_2 ein negativer Strom von kurzer Dauer in die Linie gesendet, so wird (wie beim Hughes) der Elektromagnetismus im Kern des ersten oder des zweiten Elektromagnetes E_1 oder E_2 geschwächt oder ganz vernichtet; infolge dessen lässt dieser Elektromagnet seinen Anker los, der Ankerhebel schnellt empor und

Fig. 31.

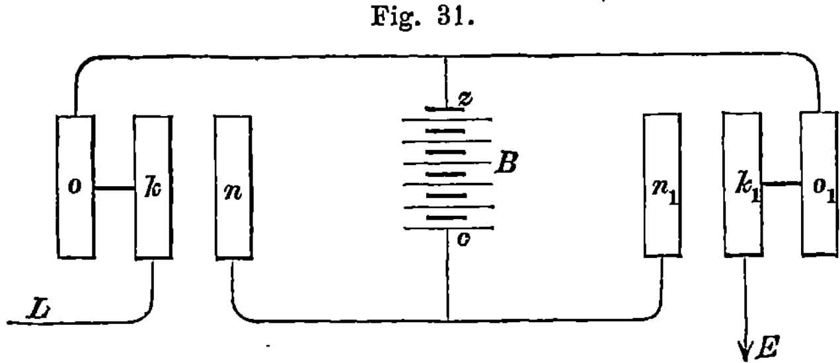

trifft dabei den zu ihm gehörigen von den beiden Auslöshebeln U_1 und U_2; dadurch wird denn eine Welle a_7 oder a_8 mit einer andern vom Triebwerke in beständige Umdrehung versetzten gekuppelt, erstere macht einen Umlauf und dabei hebt eine an ihr sitzende Nase x_1 und x_2 kräftig das eine Ende eines Stanzhebels v_1 oder v_2; gleichzeitig muss daher, wie sich aus Fig. 32 deutlicher erkennen lässt, das andere Ende h_1 oder h_2 des Stanzhebels sich senken und hierbei drückt dasselbe einen gut geführten Stempel nieder und stanzt durch diesen ein Loch in einen (zwei oder drei) Papierstreifen, welcher stetig in einem Schlitze zwischen zwei Stahlplatten f und d unter dem Stempel vorbeigeführt wird. Am Ende des einen Umlaufs wird die Nasenwelle durch den inzwischen in seine Ruhelage zurückgekehrten Auslösehebel U_1 oder U_2 wieder gefangen. Die Bewegung des Papierstreifens und der beiden Stanzwerke, von denen das eine Punkte in der ersten, das andere Punkte

in der zweiten Zeile stanzt, geht vom demselben, zwischen den Wangen
KK liegenden, kräftigen Triebwerke aus, dessen Schwungrad bei *S*
und dessen conisches Pendel bei *P* (Fig. 30) zu sehen ist.

Auch Siemens und Halske griffen nochmals zum durchlochten
Streifen und zwar zum Theil wieder unter unmittelbarer Benutzung desselben zur Stromsendung. Mit diesen neuesten derartigen Automaten
besetzten sie die 1868 von ihnen gebaute indoeuropäische Linie, als
Empfangsapparat aber brachten sie dabei einen noch weiter vervollkommneten polarisirten Farbschreiber zu Verwendung. Die Wechselströme zum Betriebe des letzteren waren entweder Batterie- oder Magne-
toinductions-Ströme. Im erstern Falle werden jedoch zwei Batterien aufgestellt, von denen die eine den Strom vom Kupferpole, die andere vom Zink-

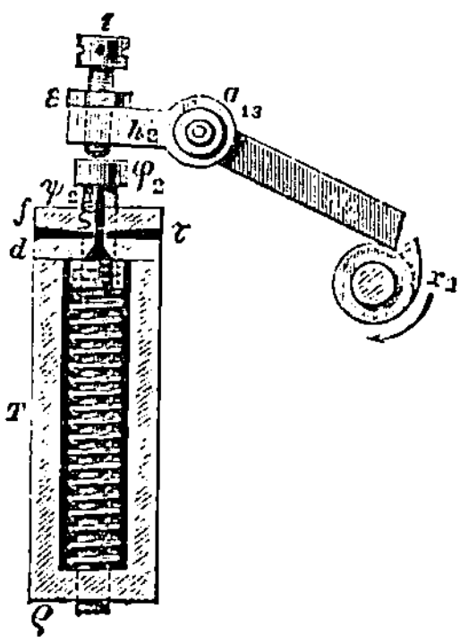

Fig. 32.

pole aus in die Leitung sendet, so oft die mit der Leitung verbundene,
auf dem gelochten Streifen schleifende Contactfeder oder Drahtbürste
durch ein Loch des Streifens hindurch entweder eine mit jenem Kupferpole oder eine mit jenem Zinkpole verbundene Metallscheibe berührt;
die zweiten Pole beider Batterien sind natürlich gleichzeitig zur Erde
abgeleitet. Diese beiden Metallscheiben stecken, gegeneinander isolirt,
auf einer gemeinschaftlichen Axe und sind an den Seiten, welche sie
sich einander zuwenden, mit regelmässigen zahnartigen oder zickzackförmigen Vorsprüngen und Vertiefungen versehen, und zwar greifen
immer die Vorsprünge der einen Scheibe in die Vertiefungen der andern
hinein. Wenn nun dabei die Mitte jedes Vorsprunges der einen Scheibe
von der Mitte des benachbarten Vorsprunges der anderen Scheibe gerade so weit absteht, wie weit zwei einen „Punkt" gebende Löcher des
Streifens von einander entfernt sind, so braucht man blos eine strom-

gebende Löcherreihe im Streifen, und mittelst derselben wird (wenn
nur die Löcher sich in der richtigen Stellung gegeneinander befinden
und gerade an derjenigen Stelle über die beiden Scheiben hinweggeführt

Fig. 33.

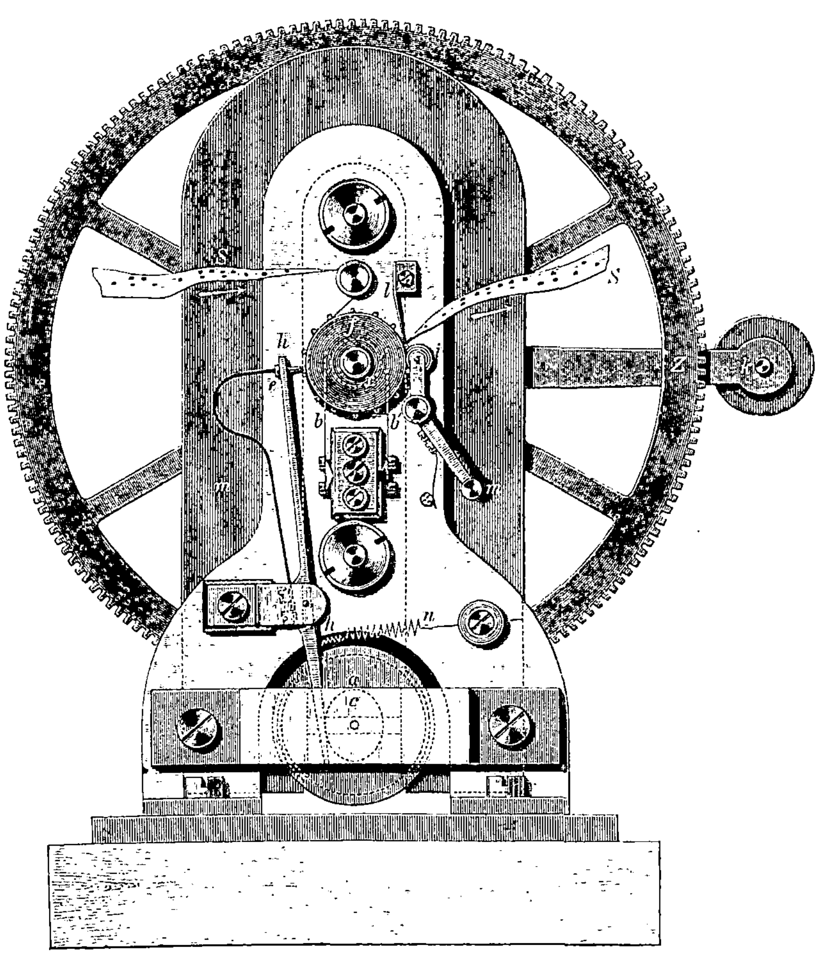

werden, wo diese mit ihren Vorsprüngen in einander greifen) doch stets
ein positiver und negativer Strom in die Leitung gesendet werden, wie
es eben zur Schriftbildung erforderlich ist. Auch beim Telegraphiren
mit Magnetoinductionsströmen bekommt der Streifen blos e i n e Reihe
Schriftlöcher; es wird dann aber, wie es aus Fig. 33 zu erkennen ist,

im Stromsender auf die Axe des schon beim Typenschnellschreiber
(S. 18) erwähnten Cylinderinductors a eine ovale Scheibe c aufgesteckt
und gegen diese Scheibe c wird von einer Spiralfeder n ein zweiarmiger

Fig. 34.

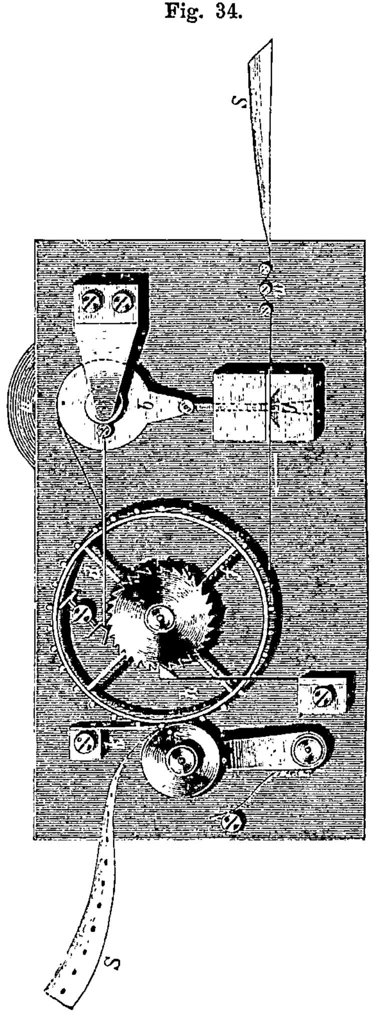

Hebel hh angedrückt, so dass die Scheibe c bei jeder Umdrehung den
am Ende des zweiarmigen Hebels hh sitzenden Contactstift e zweimal
gegen den Streifen S heranbewegt; trifft dabei der Stift e auf ein Loch
im Streifen S, so tritt er durch dasselbe hindurch mit der darunter-

liegenden isolirten Metallscheibe *f* in Berührung, welche mit der Telegraphenlinie in leitender Verbindung steht, mittels der Kurbel *k* in Umdrehung um die Axe *x* versetzt wird und durch das Zahnrad *Z* und ein auf der Inductoraxe sitzendes Getriebe ihre Bewegung auch auf die Inductoraxe überträgt; natürlich muss der Stift *e* die Scheibe *f* stets gerade in dem Augenblicke berühren, wo der vom Inductor gelieferte,

Fig. 35.

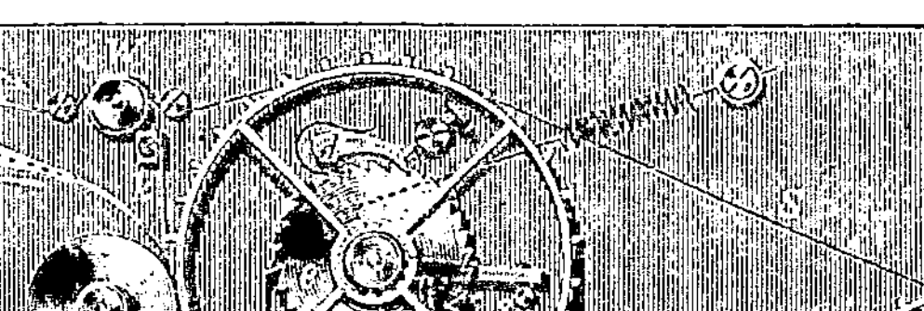

abwechselnd positive oder negative Strom seine grösste Stärke erreicht hat; es gelangen daher von dem Contactstifte *e* aus alle jene Inductionsströme in die Leitung, bei deren Entstehung der Contactstift *e* ein Schriftloch im Streifen *S* vorfindet. Die Scheibe *f* ist auf ihrer Mantelfläche mit vorstehenden Stiften besetzt, welche sich in die in einer zweiten Reihe stehenden Führungslöcher des Streifens einstechen und dadurch die regelmässige Fortbewegung des durch die Rolle *i* an die Scheibe *f* angedrückten Streifens *S* mit der Scheibe *f* und über dieselbe veranlassen.

Somit müssen sowohl beim Telegraphiren mit Batterieströmen, wie beim Telegraphiren mit Inductionsströmen die Schriftlöcher in ganz genau bestimmten Entfernungen von einander im Streifen erzeugt werden. Deshalb wird denn der Streifen S vor dem Lochen der Schriftlöcher schon auf dem in Fig. 34 abgebildeten besondern kleinen Walzwerke mittels eines Excenters b und des Stempels J nahezu in der Mitte seiner Breite mit einer Reihe von Führungslöchern versehen; bei jeder Umdrehung der Schnurrolle a dreht nämlich der in ein Sperrad sich einlegende Sperrhaken d zugleich das Sperrrad und das auf derselben Axe sitzende Stiftenrad f um so viel, dass letzteres dabei mittels der an seinem Umfange vorstehenden Stifte den von der Rolle i an das Rad f angedrückten Papierstreifen S jedesmal um 6 Millimeter fortzieht. Erst nach dem Einstanzen der Löcher der Mittelreihe werden die Schriftlöcher entweder mit einem vereinfachten Hand-Schriftlocher oder mittels des weit vollkommeneren Tasten-Schriftlochers eingestossen. In beiden Fällen läuft der Streifen über eine Rolle, deren vorstehende Führungsstifte sich in die Führungslöcher des Streifens einlegen und den Streifen nach dem jedesmaligen Stanzen um das gerade erforderliche Stück fortbewegen.

Die Einrichtung des vereinfachten Hand-Schriftlochers erläutert Fig. 35. Derselbe enthält nur eine Taste t, aber drei Stempel 1, 2, 3; die Taste t lässt sich an ihrem Handgriffe p um eine verticale Axe nach links und nach rechts drehen; im erstern Falle schiebt sie mittels eines Hebels l die Stempel 1 und 3 vorwärts und erzeugt in dem zweimal über das Stiftenrad laufenden und so zwischen a und b hindurchgeführten Streifen S zwei Löcher im Abstande von 9 Millimeter von einander; im andern Falle stanzt sie mittels eines zweiten Hebels l_1 und der Stempel 1 und 2 zwei blos 3 Millimeter von einander entfernte Löcher. Beim Rückgange der Taste t schiebt der eine oder der andere von 2 Sperrhaken q das Rad h mit den Führungsstiften um 2 Löcher oder um 1 Loch der um je 6 Millimeter von einander abstehenden Führungslochreihe fort, den Streifen S also um 12 oder um 6 Millimeter, d. h. stets um 3 Millimetar weiter als die Entfernung der beiden soeben erzeugten Schriftlöcher. Drückt man den Knopf p in der Mittellage der Taste t, also während kein Stempel vorgeschoben ist, um eine horizontale Axe nieder, so wirkt er durch einen kleinen Winkelhebel und die Schubstange s auf einen Sperrkegel, welcher das Stiftenrad um einen Stift dreht; auf diese Weise werden die Zwischenräume zwischen den Buchstaben erzeugt. Wie der fertig gelochte Streifen aussieht, wenn das Wort „Berlin" telegraphirt werden soll, zeigt Fig. 36.

Wenn auch schon der Dreitastenlocher und noch mehr der soeben beschriebene einfachere Hand-Schriftlocher das Beschwerliche in der Vorbereitung des Streifens vermindert hatte, so musste auf beiden doch immer das Telegramm beim Vorbereiten wirklich abtelegraphirt werden, insofern nämlich jedes einzelne Elementarzeichen (d. h. Strich und Punkt) für sich allein gelocht werden musste; beim Tasten-Schriftlocher dagegen, welcher mit dem zugehörigen Schnellschreiber mehrere Jahre hindurch auch auf der Berliner Centralstation namentlich zur Beförderung der Witterungs- und sonstigen Circular-Telegramme in Gebrauch war, wird jeder Buchstabe und jedes sonstige Schriftzeichen mit einem einzigen Drucke auf die zu diesem Zeichen gehörige Taste in den Streifen gestanzt und darauf auch noch der Streifen um die Länge des gestanzten Zeichens einschliesslich des hinter demselben nöthigen Zwischenraumes fortbewegt. Der Tasten-Schriftlocher arbeitet daher wesentlich schneller als der Hand-Schriftlocher. Ersterer enthält 50 von einander unabhängige Tasten und unter jeder Taste einen zu dieser

Fig. 36.

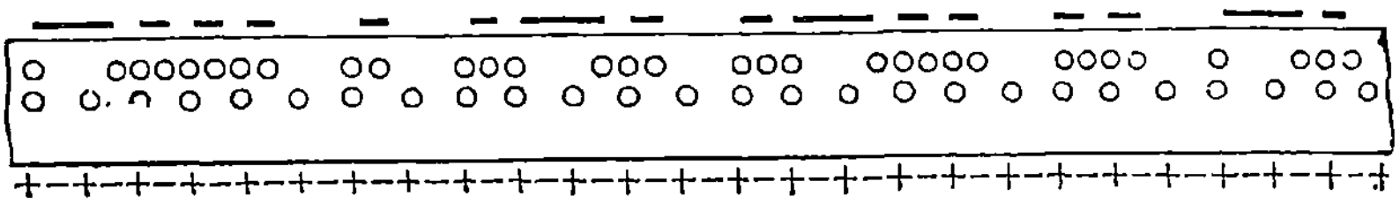

gehörigen, aus einem auf die hohe Kante gestellten, im rechten Winkel gebogenen Stahlblechstreifen hergestellten Hebel; die vorderen parallelen Enden aa dieser Hebel ragen von der ihnen als Auflage dienenden Axe $a_1 a_1$ aus unter die 20 Stosshebel bb des in Fig. 37 abgebildeten Stempelwerkes bis zu dem Stabe k des Winkelhebels $kk_1 k_2$; jenseits der Axe $a_1 a_1$ sind die Blechstreifen aa theils nach links, theils nach rechts abgebogen und mit dem Ende der Abbiegung wiederum drehbar an je einer gemeinschaftlichen Axe befestigt. Diese umgebogenen hintern Enden der Blechstreifen werden durch Federn nach oben gedrückt und tragen jedes einen Stift, welcher bis zu der zugehörigen Taste hinaufreicht. Beim Niederdrücken einer Taste geht demnach das unter die Stosshebel bb ragende Ende zugehörigen Blechstreifens empor, hebt aber, weil es den Stosshebeln gegenüber an seiner obern Kante mit entsprechenden Einschnitten versehen ist, nicht alle 21 Stosshebel bb empor, sondern nur diejenigen, welche zum Stanzen der Löcher für das auf der niedergedrückten Taste aufgeschriebenen Schriftzeichen erforderlich sind; dabei drehen sich die Stosshebel um die Axe, an welcher sie mit ihrem rechts liegenden Ende befestigt sind. Zugleich dreht

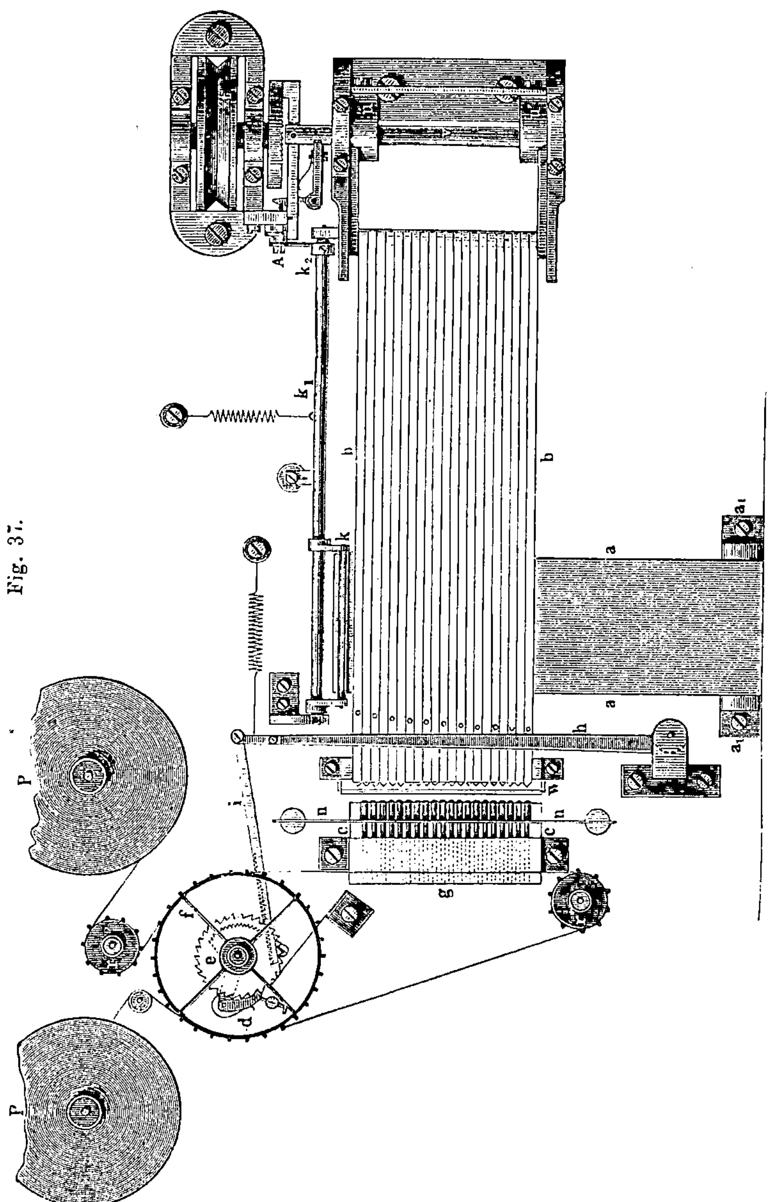

das äusserste Ende des gehobenenen Blechstreifens a den Arm k des Winkelhebels $k\,k_1\,k_2$ um dessen Axe k_1, so dass der Arm k_2 am Ende des Hubes eine eigenthümliche Kuppelung A einrückt; in Folge dessen lässt die durch Tretrad und Schnurlauf in beständiger Umdrehung erhaltene Axe t die Axe v und das auf ihr sitzende Excenter uu' eine Umdrehung machen, nach deren Vollendung aber die Axe v sofort wieder ausgerückt wird, selbst wenn die Taste noch immer niedergedrückt gehalten wird. Bei dieser einen Umdrehung werden alle 21 Stosshebel bb vorgeschoben, und es treten die nicht gehobenen Stosshebel mit ihrer schneidenförmig zugeschärften Stirnfläche unter, die gehobenen dagegen über den Blechstreifen w, welcher seine scharfe Kante den Stosshebeln zukehrt. Die gehobenen Stosshebel treffen daher bei ihrem Vorgange auf die Stempel cc, stossen sie in die Führung g hinein und lochen dabei den Streifen, welcher zweimal auf das Stiftenrad f laufend von der Führungswalze r' nach der Walze r geht. Die Schneide w sichert das richtige Lochen selbst für den Fall, dass inzwischen die Taste schon wieder losgelassen wurde. Die Spiralfedern, welche jeden der 20 Stempel cc umgeben, und die Druckfeder nn kommen beim Rückgange der Stosshebel zur Wirkung. Beim Rückgange des Excenters wird zugleich noch der Papierstreifen durch den Einfluss des letzten (d. h. von dem Anfange des Zeichens am weitesten entfernten) bewegten Stempels um das gerade nöthige Stück fortbewegt und dadurch für den nächstfolgenden Buchstaben gerade richtig eingestellt. Auf den Stosshebeln stehen nämlich zu diesem Behufe Stifte vor, welche bei gehobenem Stosshebel bei dessen Vorgange den Hebel h erfassen und mitnehmen, während sie bei gesenktem Stosshebel unter diesem Hebel h hinweggehen; der Hebel h dreht sich daher um einen desto grösseren Winkel um seine Axe, je näher der letzte gehobene Stosshebel an der Drehaxe des Hebels h lag; durch die Zahnstange i überträgt der Hebel h seine Drehung auf einen gezahnten Sector, und dieser lässt den in das Sperrrad e sich einlegenden, mit dem Sector fest verbundenen Sperrkegel d um eine der Drehung des Hebels h entsprechende Anzahl Sperrzähne hinweggreifen. Beim Rückgange der Stosshebel folgt auch der Hebel h der Wirkung der an ihm befestigten Spiralfeder, und nun dreht der Sperrkegel d bei der Rückwärtsbewegung des Sectors das Sperrrad e und das mit diesem verbundene Stiftenrad f um die Anzahl Zähne, über welche er eben hinweggegriffen hatte, das Stiftenrad aber zieht den Papierstreifen um das erforderliche Stück weiter. Es braucht indessen nur ein Stosshebel um den andern mit einem vorstehenden Stifte ausgerüstet zu werden, weil der letzte vorgeschobene Stempel, der Stellung der Schriftlöcher gemäss, stets einer von gerader Zahl ist. Dem ersten Stosshebel steht kein Stempel gegenüber, weil er nicht zur Erzeugung von Schrift, sondern blos zur Erzeugung der Zwischenräume dient. Mittels dieses bahnbrechenden Tasten-Schriftlochers wurde die Vorbereitung der Telegramme, welche früher eine beschwerliche und zeitraubende Handarbeit und schwieriger als das Telegraphiren mit dem Taster gewesen und durch die Erfindung des Dreitastenlochers schon einigermassen erleichtert worden war, im höchsten Grade vereinfacht. Der an die Jacquard-Maschine erinnernde Grundgedanke des Tasten-Schriftlochers hat auch bei den drei neuesten, aus der Fabrik von Siemens & Halske hervorgegangenen automatischen Schriftgebern Verwerthung gefunden, von welchen gleich nachher ausführlicher die Rede sein wird.

George Little in Passaic City, Neu-Jersey, lässt bei seinem von der Automatic Telegraph Company benutzten automatischen Telegra-

Fig. 38.

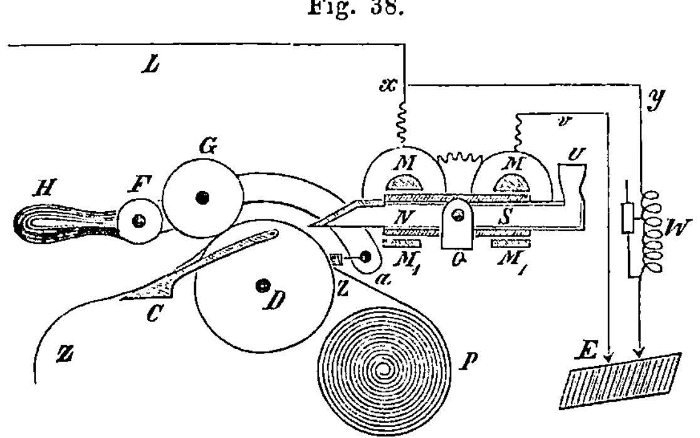

phen auf der Empfangsstation die telegraphirten Zeichen entweder elektrochemisch oder elektromechanisch niederschreiben. In dem letzteren Falle bildet der hohle, polarisirte Anker NS (Fig. 38) des Elektromagnets eine Schreibfeder, aus deren Spitze die leichtflüssige Tinte auf den Papierstreifen ZZ fliesst; natürlich wird der polarisirte Anker durch Wechselströme zwischen den vier Polen MMM_1M_1 des Elektromagnets um seine Drehaxe O hin und her bewegt; die Wechselströme aber werden von zwei verschiedenen Batterien geliefert und, ähnlich wie bei dem automatischen Telegraphen der Gebrüder Digney, mittels zweier Contacthebel der Linie L zugeführt, wenn der eine oder der andere Contacthebel beim Einfallen des an dem einen Ende desselben sitzenden Röllchens in die Löcher des Streifens sich an den ihm gegenüber liegenden von zwei Contacten anlegt, an welche die Batterien jedoch mit entgegengesetzten Polen geführt sind. Der Papierstreifen ZZ läuft von der Rolle P ab und über eine vom Triebwerk oder durch eine Handkurbel in Umdrehung versetzte Scheibe *D*, gegen welche er durch die an einem um *F* drehbaren Hebel *H* sitzende Rolle *G* und die Bürste oder den Halter *a* angedrückt wird, während eine in eine Nuth der Scheibe *D* eingelassene Klinge *C* den Streifen gegen ein Umlegen oder Knicken schützt. Bei Verwendung des chemischen Schreibapparates wird auf der Empfangsstation noch ein Klopfer mit oder ohne Relais oder ein polarisirtes Relais aufgestellt, und mittels desselben werden die Rufe und ähnliche das Telegraphiren selbst betreffende hörbare Signale gegeben. Durch einen regulirbaren Widerstand oder Rheostat *W* bemüht sich Little seit 1869 einen etwaigen Stromüberschuss auf dem Wege *xy* unmittelbar zur Erde *E* abzuführen, um ein Verschwimmen der Zeichen in einander, namentlich bei dem chemischen Schreibapparate zu verhüten. Durch diesen Rheostat oder durch einen ihn ersetzenden, passenden Condensator, in gleicher Einschaltung oder in einer Zweigleitung, behauptet Little die Telegraphirgeschwindigkeit von 40 bis 60 Wörtern auf einer 250 englischen Meilen langen Linie bis zu 500 und mehr Wörtern auf einer 1000 Meilen langen Linie selbst bei ungünstigem Wetter gesteigert zu haben. In dem Streifenlocher werden die Stempel, welche die Löcher in den Streifen stanzen, durch Schieber vorgestossen, welche beim Niederdrücken der einen oder der andern von in ausreichender Anzahl neben einanderliegenden Tasten in der jedesmal nöthigen Anzahl und Auswahl durch einen Elektromagnet vorwärts geschoben werden; nach dem Stanzen aber wirkt der Ankerhebel eines zweiten Elektromagnetes mittels eines Daumens auf einen Vorsprung an jedem vorgeschobenen Schieber und führt denselben wieder in seine Ruhelage zurück.

Die drei neuesten automatischen Schriftgeber von Siemens und Halske machen die Vorbereitung des Telegramms in einem vom Stromsender abzutelegraphirenden gelochten Papierstreifen oder durch Zusammensetzung desselben aus einzelnen Typen ganz überflüssig und verbinden den eine Klaviatur enthaltenden Vorbereitungsapparat aufs engste mit dem eigentlichen Schriftgeber, ohne dass jedoch der telegraphirende Theil des Apparats irgendwie von dem vorbereitenden abhängig wäre*). Bei allen drei Apparaten folgt das Abtelegraphiren

---

*) Eine solche Abhängigkeit findet sich z. B. bei dem 1873 in Wien ausgestellten vierfachen Telegraph von Bernhard Meyer in Paris. Jeder der vier Stromgeber dieses Telegraphen kann nämlich die Ströme nur dann in die Linie senden, wenn seine Tasten gerade in dem Momente niedergedrückt sind, in welchem der Stromvertheiler eben diesen Stromgeber in leitende Verbindung mit der Telegraphenlinie setzt. Eine Beschreibung dieses Telegraphen in seiner ältern Ein-

unmittelbar und ohne weiteres auf das Vorbereiten; auch ist die Länge des auf ihnen zu befördernden Telegrammes nicht die Länge des dazu vorzubereitenden Streifens oder eines andern Theiles im Empfangsapparate beschränkt. Auf allen dreien wird durch jeden Tastendruck genau so und auch in ganz ähnlicher Weise wie bei dem kurz vorher erwähnten Tasten-Schriftlocher ein ganzer Buchstabe nebst dem hinter ihm erforderlichen Zwischenraume vorbereitet, und zwar durch Verschiebung von Stiften, bei dem einen in einer endlosen Kette, bei den beiden andern am Rande einer Büchse oder Dose. Der Telegraphist kann ferner zwischen dem Greifen der einzelnen Tasten längere oder kürzere Zeit verstreichen lassen, ohne Rücksicht auf die Länge der einzelnen telegraphischen Zeichen; denn der Apparat bereitet jedes Zeichen in der nämlichen Zeit vor, lässt auch den vorgeschriebenen Zwischenraum zwischen den einzelnen Buchstaben desselben Wortes in stets gleicher Grösse erscheinen, während die grössern Zwischenräume am Ende eines Wortes durch Niederdrücken einer besondern weissen Taste erzeugt werden. Der Telegraphist kann ausserdem eine grössere Anzahl von Tasten in Vorrath niederdrücken, welche der Apparat dann nach und nach abtelegraphirt; nur darf die mittlere Geschwindigkeit, mit welcher die Tasten gegriffen werden, die Telegraphir-Geschwindigkeit nicht überschreiten, auf welche der Apparat eben eingestellt ist. Diese Vorzüge bieten reichlichen Ersatz dafür, dass bei diesen drei Schriftgebern das einmal vorbereitete Telegramm nicht mehrmals nacheinander (z. B

richtung findet sich u. A. in: „Zetzsche, kurzer Abriss der Geschichte der elektrischen Telegraphie, Berlin 1874, S. 60 ff." Das nicht ungünstige Ergebniss der während der Wiener Industrie-Ausstellung angestellten Versuche mit den beiden Apparaten, welche vorher schon zwischen Paris und Lyon versuchsweise gearbeitet hatten, bestimmte die österreichische Staatstelegraphenverwaltung, den Meyer'schen vierfachen Apparat einer Probe im grössern Maassstabe zu unterwerfen. Die zu diesem Zwecke gebauten Apparate zeigen in mehrfacher Beziehung Verbesserungen, welche in den Annales Télégraphiques (3. Reihe, 1. Bd., S. 203) besprochen wurden. Es arbeiten diese namentlich mit einer merklich vervollkommneten, elektrisch-mechanischen Correction des Synchronismus ausgerüsteten Apparate seit vorigem Sommer auf der Linie Wien-Prag und stellen als Durchschnittsleistung bei ausreichendem Vorrathe von auf ihnen zu befördernden Telegrammen 80 bis 90 einfache Telegramme in der Stunde in Aussicht, während als höchste Leistung in einer Stunde sogar 120 Telegramme auftrat. Als ich im Juli 1874 in Wien diese Apparate arbeiten sah, nannte man mir 4 . 15 = 60 einfache Telegramme in der Stunde als mittlere Leistung derselben. Sowohl bezüglich der Zweckmässigkeit und Dauerhaftigkeit in ihrem Bau, wie rücksichtlich der Bequemlichkeit für die an ihnen Arbeitenden, lassen jedoch diese Apparate noch immer Manches zu wünschen übrig.

Fig. 39.

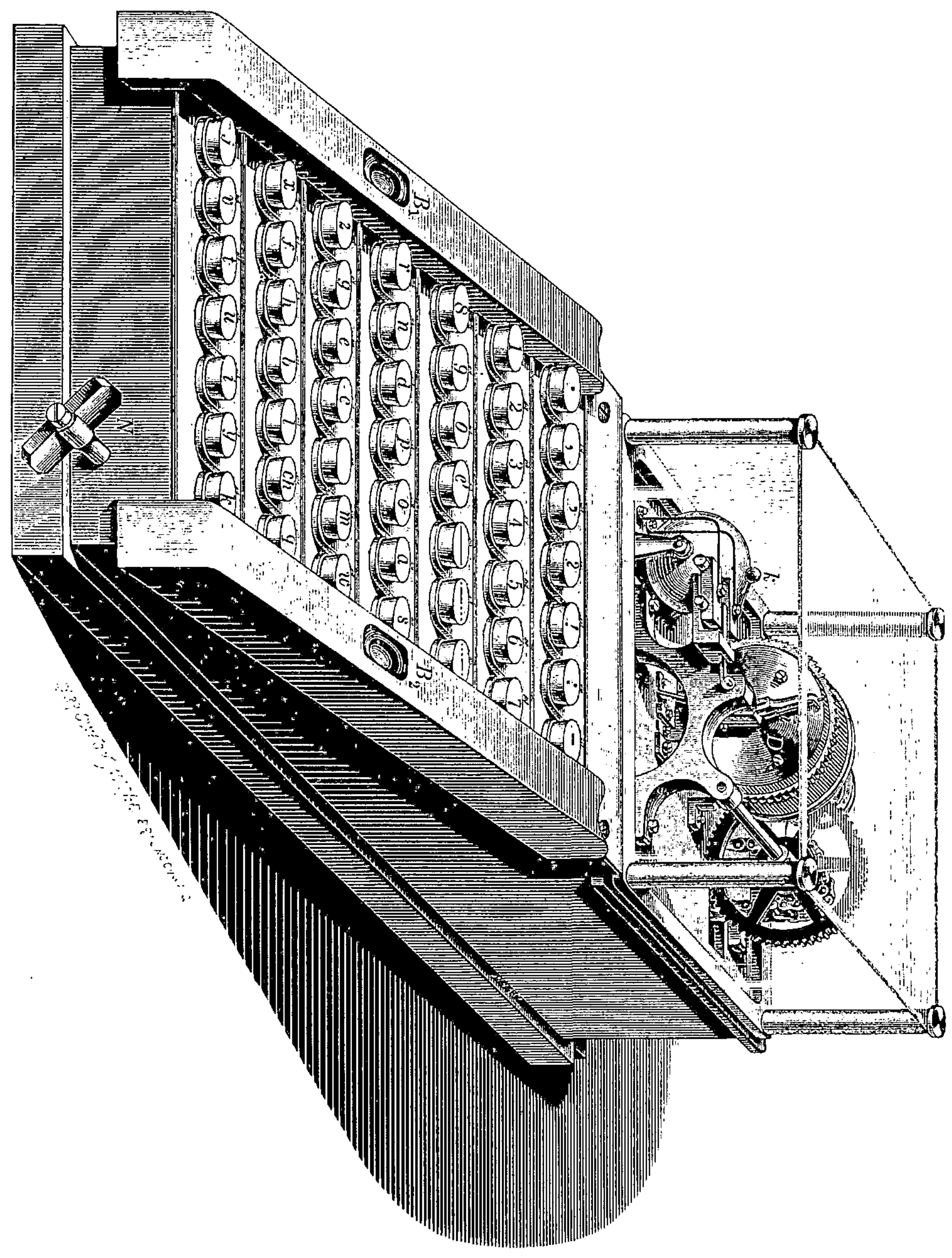

in verschiedene Linien) abtelegraphirt werden kann, wie dies bei Benutzung eines gelochten Streifens möglich ist. Den ersten dieser drei automatischen Stromsender, den Kettenschnellschriftgeber, richtete Dr. Werner Siemens für Steinheilschrift ein, der Dosenschriftgeber dagegen liefert Morseschrift; der Schnelldrucker endlich druckt das Telegramm in Typenschrift.

Die Tastatur des in Fig. 39 abgebildeten Dosenschriftgebers, welchen von Hefner-Alteneck 1872 entwarf, enthält 49 Tasten in 7 treppenförmig übereinander liegenden Reihen, und zwar sind die Buchstaben auf die Tasten so vertheilt, dass bei ungezwungener Lage der beiden Hände, deren kleine Finger in die Löcher B_1 und B_2 zulegen sind, die am häufigsten vorkommenden Buchstaben am bequemsten zu greifen sind. Der ganze Apparat (ohne Lesepult) ist nur 21 Centimeter breit, 33 Centimeter lang und 29 Centimeter hoch, die Tastatur je 20 Centimeter lang und breit. Er lässt sich ebensowohl für gleichgerichtete Ströme wie für Wechselströme, mit oder ohne Entladung der Leitung zur Erde, einrichten, je nachdem die Beschaffenheit der Linie, für welche er bestimmt ist, das eine oder das andere wünschen lässt. Im ersteren Falle ist als Empfangsapparat jeder gute Farbschreiber verwendbar und liesse sich der Dosenschriftgeber in einer damit besetzten Linie ohne weiteres an Stelle des Morsetasters einschalten. Seit dem Herbst 1874 haben übrigens Siemens und Halske mit dem Dosenschriftgeber und unter Benutzung von Wechselströmen ihre (bekanntlich bis ins Jahr 1854 zurückreichenden) Versuche zum telegraphischen Gegensprechen wieder aufgenommen.

Wie die Tastatur zur Vorbereitung des abzusendenden Telegramms benutzt wird, lässt sich am deutlichsten aus dem Durchschnitte Fig. 40 sehen. Der Haupttheil des Stromsenders, eine auf eine horizontale Axe m aufgesteckte cylindrische Dose D, ist auf ihrer ganzen Mantelfläche mit dicht nebeneinanderliegenden Stiften s besetzt, welche sich mit einiger Reibung in ihrer Längsrichtung, d. h. parallel zur Dosenaxe m, ein wenig verschieben lassen. Aus diesen Stiften s werden nun die zur automatischen Beförderung erforderlichen Typen dadurch gebildet, dass beim Niederdrücken irgend einer Taste eine bestimmte Anzahl der Stifte s, in der entsprechenden Weise gruppirt, verschoben werden. Beim Telegraphiren mit gleichgerichteten Strömen (wofür der 1873 in Wien ausgestellte Dosenschriftgeber bestimmt war) stehen dann die verschobenen Stifte auf einer und derselben Seite der Dose vor, und zwar liefert ein verschobener Stift (zwischen zwei nicht verschobenen) einen Morsepunkt, drei verschobene (zwischen zwei nicht verschobenen)

einen Morsestrich; die unverschobenen dagegen geben die Zwischenräume zwischen den einzelnen Punkten und Strichen und ebenso zwischen den ganzen Buchstaben oder Worten; es sind z. B. die einzelnen

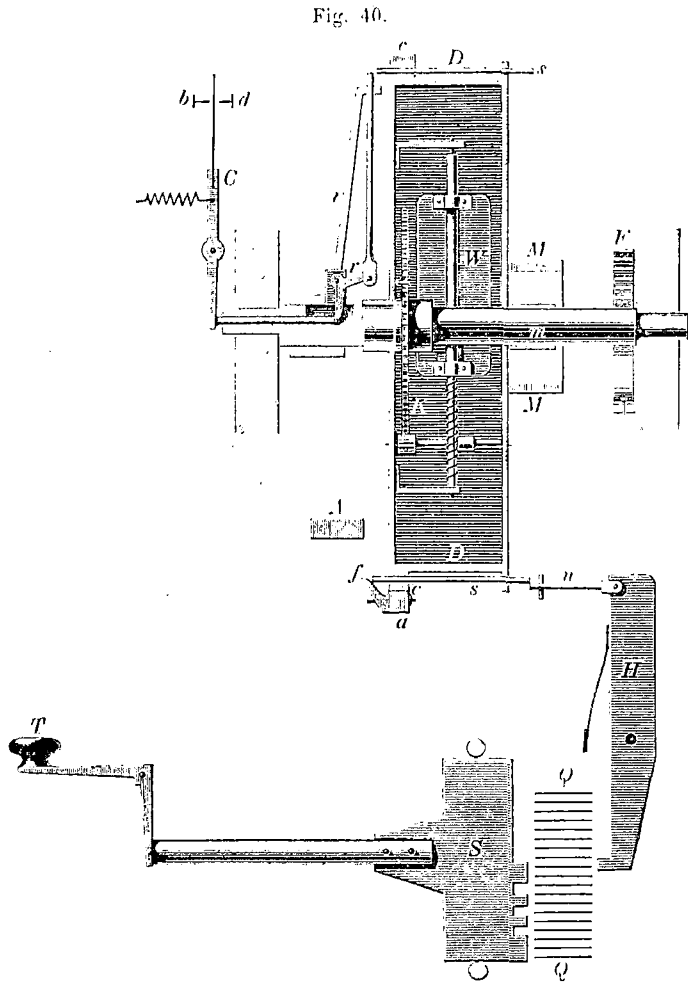

Fig. 40.

Punkte oder Striche desselben Schriftzeichens durch je einem Stifte entsprechende Zwischenräume voneinander getrennt. Das Vorstossen der
Stifte besorgen 19 Stösser *n*, welche mit den Tasten *T* nach der zuerst
von Siemens bei seinem Tastenschriftlocher zum Lochen der Papierstreifen benutzten Weise verbunden sind. Es steht nämlich jede der

Tasten T mit je einem von 49 verticalen, dicht nebeneinanderstehenden Blechstreifen S der Art in Verbindung, dass letzterer beim Niederdrücken der Taste, mit der einen verticalen Kante voran, in horizontaler Richtung ein Stück vorgeschoben wird. Quer vor den vorangehenden Kanten dieser 49 Blechstreifen liegen 19 dünne horizontale Bleche $Q\,Q$ übereinander, und jedes derselben wirkt, wenn es von einem der verticalen Bleche vorwärts geschoben wird, auf den unteren Arm eines verticalen Hebels H, dessen oberer Arm dann mittels des an ihm befestigten Stössers n den gerade vor diesem Stösser liegenden Stift s der Dose D ein Stück aus dieser heraustreten macht. Damit nun die verticalen Bleche S nicht stets alle horizontalen Streifen Q vorwärts schieben, sind in die ersteren an der den letzteren zugewandten Kante verschieden lange und verschieden vertheilte Lücken eingefeilt, so dass die zwischen den Lücken stehen gebliebenen zahnartigen Vorsprünge gerade nur diejenigen horizontalen Bleche $Q\,Q$ treffen und vorwärts schieben, deren Verschiebung zur Bildung des auf der eben niedergedrückten Taste T geschriebenen Schriftzeichens erforderlich ist.

Neben der Dose D befindet sich weiter ein kleiner Sperrkegel a, welcher sich in seiner Ruhelage in einem an der Dose D befestigten, mit schrägen Zähnen versehenen Zahnkranz cc einlegt und so verhindert, dass die Dose dem Zuge eines durch ein Räderwerk, déssen letztes Rad M an der Dose befestigt ist, auf sie wirkenden Gewichtes (oder einer Feder) folgt und sich umdreht. Beim Niederdrücken einer Taste trifft stets der erste der verschobenen Stifte ss auf die geneigte Fläche f jenes Sperrkegels a und hebt diesen Sperrkegel a aus den Zähnen des Zahnkranzes cc aus; dadurch wird die Dose frei, dreht sich sprungweise gerade um die Länge des eben mittels der Stifte ss vorbereiteten Schriftzeichens nebst dem hinter diesem Zeichen nöthigen Zwischenraume und bringt so zugleich wieder frische, noch unverschobene Stifte vor die Stösser nn. Zu diesem Zwecke ist die erwähnte geneigte Fläche f des Sperrkegels a etwas breiter, als die innerhalb eines Schriftzeichens vorkommenden, an der Dose D durch nicht verschobene Stifte ss wiedergegebenen Zwischenräume; der Sperrkegel a kann daher der Wirkung der ihn gegen den Zahnkranz cc drückenden kleinen Feder nicht früher nachgeben und sich wieder in die Zähne einlegen, als bis sämmtliche verschobene Stifte ss, d. h. das ganze eben vorbereitete Schriftzeichen, an seiner geneigten Fläche f vorübergegangen sind. Eine weitere Verbreiterung dieser Fläche sorgt endlich noch für die Zugabe des vorgeschriebenen Zwischenraums hinter dem eben vorbereiteten Schriftzeichen. Hält der Telegraphist eine Taste T niedergedrückt, so hindern die zur Verschiebung der Stifte *ss* in die Dose *D* hineingetretenen Stösser *nn* die Umdrehung der Dose *D* doch nicht, weil die Stösser *nn* etwas beweglich gemacht·und an ihrem vordern Ende so geführt sind, dass sie schräg seitlich etwas ausweichen können.

Beim Niederdrücken der zwischen den Tasten *c* und *m* liegenden „weissen" Taste, welches blos die Zwischenräume zwischen je zwei Schriftzeichen oder Wörtern erzeugen soll und deshalb keine Stifte verschieben darf, wird die Drehung·der Dose *D* auf eine andere, rein mechanische Weise durch diese „weisse" Taste *T* selbst hervorgebracht.

Das Abtelegraphiren der so vorbereiteten Schrift besorgt ein zwischen zwei Contactschrauben *b* und *d* hin und her gehender, dem gewöhnlichen Morsetasterhebel ganz entsprechender, zweiarmiger Contacthebel *C*. Eine Spannfeder strebt diesen Hebel *C* beständig mit seinem oberen, federnden Arme an die Ruhecontactschraube *b* heranzudrücken. Vor der Dose an derjenigen Seite derselben, auf welcher die Stifte *ss* vorstehen, läuft ferner ein Arm oder Zeiger *i* um, welcher mit seiner nachgiebig gemachten, schräg abgestumpften Spitze die vorgeschobenen Stifte *ss* in ihrer nach innen liegenden Rundung überstreicht; so oft nun der Arm *i* auf einen verschobenen Stift *s* trifft und später denselben wieder verlässt, geht er in radialer Richtung in seiner Führung ein wenig hin und her; dabei überträgt aber der Arm *i* diese seine Schwingungen zugleich auf einen kleinen Winkelhebel *r*, welcher in die Nabe des Zeigers *i* eingelagert ist, während diese Nabe auf ein und dieselbe Axe mit der Dose aufgesteckt ist; der Winkelhebel *r* wirkt endlich seinerseits durch einen in der hier hohlen Zeiger- und Dosen-Axe liegenden Stift auf den vor dem Ende dieser Axe liegenden unteren Arm des Contacthebels *C* und bewegt letztern zwischen der Ruhe- und der Arbeits-Contactschraube hin und her. Jeder einzelne vorgeschobene Stift *s* legt also den Hebel *C* auf kurze Zeit an den Batteriecontact *d* und sendet hierdurch von der Axe des Hebels *C* aus einen kurzen Strom in die Leitung; je drei hintereinander liegende Stifte legen den Hebel *C* auf eine dreimal so lange Zeit an den Arbeitscontact *d*, um einen langen Strom abzusenden. Jeder kürzere Strom macht den Empfangsapparat einen Punkt, jeder längere einen Strich schreiben.

Dazu ist aber noch nöthig, dass jener Zeiger *i* über die Stiftenreihe, welche sich ja beim Niederdrücken der Tasten *T* selbst sprungweise bewegt, mit relativ gleicher Geschwindigkeit hinläuft. Deshalb ist die Dose *D* nebst dem an ihr befestigten, sie treibenden Rade *M* nur lose auf ihre im Gestell gelagerte Axe *m* aufgesteckt, während der Zeiger *i*, ein innerhalb der Dose *D* gelegenes Zahnrad *K* (welches durch mehrere in den Seitenwänden der Dose gelagerte Räder und Triebe mit einem ebenfalls fest an der Dose gelagerten verstellbaren Windflügel W in Eingriff steht) und das eine Ende einer genügend gespannten Feder F fest mit der Dosenaxe m verbunden sind. In der Ruhelage hält diese Feder F, deren anderes Ende am Gestell befestigt ist, den Zeiger i gegen einen Anschlag A fest, welcher dicht hinter jener Stelle liegt, wo die Verschiebung der Stifte ss beim Niederdrücken einer Taste T bewirkt wird. Die sprungweise Drehung der Dose D beim Niederdrücken der Tasten T entfernt den Zeiger i von diesem Anschlage A und spannt so die Feder F, welche dann in verhältnissmässig langsamer, gleichförmiger Bewegung den Zeiger i an den vorgeschobenen Stiften ss vorbei gegen den erwähnten Anschlag A zurückführt, wobei sie durch jenes auf der Dosenaxe m festsitzende Zahnrad K den Windflügel W in Umdrehung versetzt; die Geschwindigkeit der Zurückführung des Zeigers i an den Anschlag A wird somit durch die Stellung des Windflügels W bedingt und regulirt. Kurz bevor die verschobenen Stifte ss des Dose D bei fortgesetzter sprungweise Drehung wieder an die Stelle kommen, wo sie den Stössern nn gegenüberstehen, streifen sie an eine schräge Fläche des Gestells an und werden durch diese in ihre Ruhelage zurückgeführt. Wächst der durch ein sehr rasches Greifen der Tasten T erzielte Vorrath an vorbereiteten Schriftzeichen so sehr an, dass er fasst die ganze Dose D erfüllt und der Zeiger i sich der zuletzt erwähnten schrägen Fläche nähert, so mahnt eine ertönende Warnglocke k (Fig. 39) den Telegraphisten daran, eine Pause im Greifen zu machen.

Ein geübter Telegraphist wird leicht fünf Tasten in der Secunde greifen können; dies gäbe bei entsprechender Einstellung des gebenden Apparats und unter Einrechnung der erforderlichen Zwischenräume 300 Zeichen in Einer Minute. Wären nun zur vollständigen Erledigung eines Telegramms durchschnittlich 200 Buchstaben (33 Worte) auf der Leitung (hin und her) zu befördern, so könnte man in der Stunde 90 Telegramme*) befördern, d. h. etwa das Doppelte der mittlern Leistung des Typendrucktelegraphen von Hughes. Zu Anfange dieses Jahres war der Dosenschriftgeber auf der Linie Berlin-Breslau in Thätigkeit; er arbeitete ganz befriedigend und blieb in seiner Leistung hinter dem Hughes nicht zurück.

Der etwas früher als der Dosenschriftgeber entstandene Kettenschnellschriftgeber enthält statt der Dose eine Gliederkette ohne Ende

---

*) Als grösste, mittels automatischer Telegraphen erreichte Geschwindigkeit nennt man 14 Alphabete in der Secunde.

mit 180 Gliedern von 2,5 Millimetern Länge; in jedem dieser Glieder liegt
ebenfalls ein metallener Stift, welcher sich jedoch seiner Länge nach

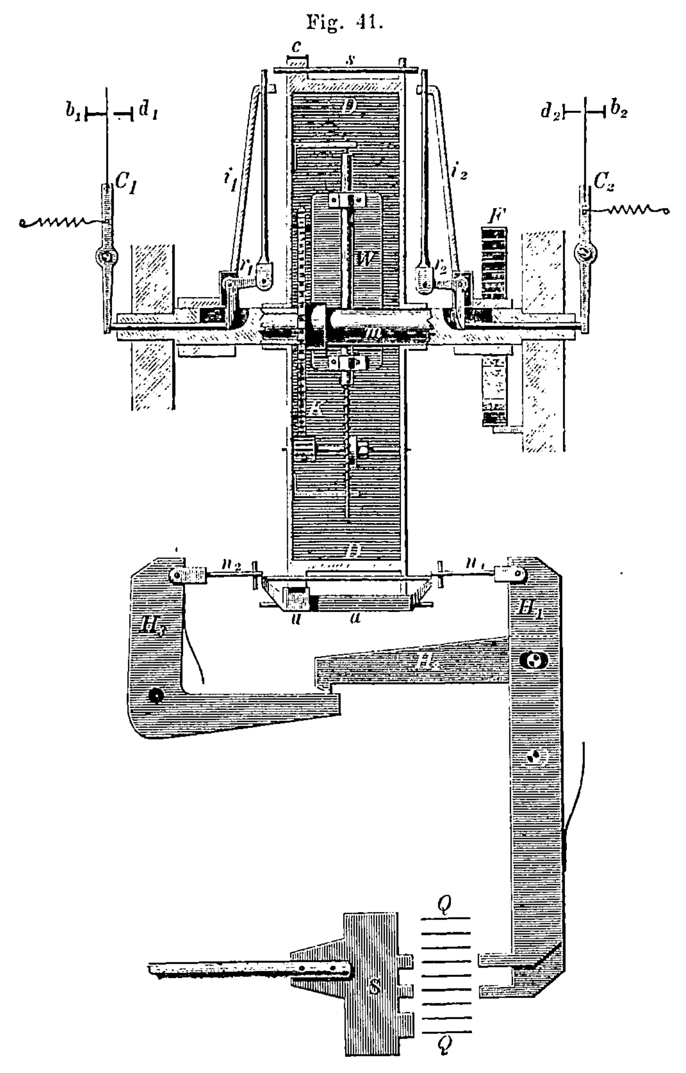

in dem Gliede mit einiger Reibung nach links und nach rechts verschieben lässt, weil der Kettenschriftgeber zur Erzeugung von Punkten in
zwei Zeilen (Steinheil'scher Schrift) bestimmt ist. Während übrigens
die Verschiebung der Stifte beim Niederdrücken der Tasten in ganz

ähnlicher Weise durch eine Art von Scheeren bewirkt wird, sind aber natürlich zwei Contacthebel vorhanden, von denen der eine durch die rechts vorstehenden Stifte positive, der andere durch die links vorstehenden Stifte negative Ströme in die Leitung sendet. Diese Ströme von verschiedener Richtung lassen einen polarisirten Doppelschreiber die Zeichen des Steinheil'schen Alphabets niederschreiben. Die Vorbereitung der abzutelegraphirenden Schriftzeichen erfolgt an einer Stelle, wo die Kette über ein Rad läuft, das Abtelegraphiren dagegen an einer andern Stelle, wo die Kette über ein zweites, mit einem Windflügel verbundenes Rad läuft; gleich hinter dieser Stelle werden die abtelegraphirten Stifte durch zwei an den beiden Seiten der Kette anstreifende Rollen wieder in ihre Ruhelage zurück versetzt. Dieser Kettenschriftgeber wird weder durch ein Gewicht, noch durch ein Feder getrieben, sondern es wird beim Niederdrücken einer Taste zugleich der erforderliche Anstoss zur Bewegung gegeben.

Der aus dem Jahre 1873 stammende Schnelldrucker von Siemens ist ein Typendrucktelegraph; sein Zeichengeber, welchen Fig. 41 im Durchschnitte zeigt, gleicht hinsichtlich seiner Dose D ganz dem Hefner'schen Dosenschriftgeber. Auch bei ihm wird das durch ihn zu versendende Telegramm dadurch auf der Dose vorbereitet, dass man es auf einer Klaviatur abspielt; hierdurch werden jedoch mittels zweier Gruppen von Hebeln H_1 und H_2 die Stifte ss theils links, theils rechts aus der Dose hervorgestossen und natürlich dann auch mittels zweier, ebenfalls zugleich mit der Dosenaxe m umlaufenden Arme oder Zeiger i_1 und i_2 und zweier von jenen Armen bewegten Contacthebel C_1 und C_2 automatisch abtelegraphirt. Beides geschieht ganz so wie beim Dosenschriftgeber und auch mittels ganz ähnlicher Theile, welche in Fig. 41 mit denselben Buchstaben bezeichnet sind, wie Fig. 40. Die Contacthebel C_1 und C_2 senden, der eine durch die rechts aus der Dose vorstehenden, der andere durch die links vorstehenden Stifte, positive und negative Ströme von gleicher Länge in die Leitung, und durch diese Ströme wird das Typenrad eingestellt, d. h. der eben zu telegraphirende Buchstabe an die Stelle gebracht, wo er abgedruckt werden kann. Dazu ist aber ein doppeltes Echappement an dem Typenrade angebracht, und zwar dreht das durch die Ströme der einen Richtung bewegte Echappement das Typenrad sprungweise um je vier Buchstaben auf einmal fort, das durch die entgegengesetzt gerichteten Ströme bewegte Echappement dagegen lässt es nur Schritte von je einem Buchstaben machen. Da nun die Ziffern und sonstigen Zeichen gar nicht mit in die Klaviatur aufgenommen worden sind, sondern durch Buchstaben ausgedrückt werden sollen, welche in ein im voraus bestimmtes Zeichen eingeschlossen werden, so gelang es, die Zahl der Ströme, welche zur Einstellung des Typenrades auf irgend ein Schriftzeichen nöthig sind, auf höchstens acht herabzubringen. Dabei musste aber das 27. Feld des Typenrades leer bleiben, weil in der gewählten Weise 27 Schritte durch acht Ströme nicht gemacht werden können, sondern erst durch neun (sechs Schritte zu je 4 und drei Schritte zu je 1 Buchstaben). Es bleiben demnach 31 Felder des Typenrades zum Geben von 29 Buchstaben und Zeichen verfügbar, weil das 30. Feld für das erwähnte Einschlusszeichen der Satzzeichen und Ziffern und das 31. Feld für den durch die „weisse" Taste zu telegraphirenden Zwischenraum aufgespart werden müssen. Das Typenrad wird, sobald der eingestellte Buchstabe auf den Papierstreifen aufgedruckt ist, auf seinen Ausgangs- oder Null-Punkt zurückgeführt und so verhütet, dass durch ein sich etwa einschleichendes falsches Zeichen die noch nachfolgenden ebenfalls falsch gemacht werden. Die Leistungsfähigkeit dieses Schnelldruckers ist eine bedeutende, weil bei zweckmässiger Aufeinanderfolge oder Anordnung der Buchstaben auf dem Typenrade zur Einstellung des Typenrades durchschnittlich nur 3 bis 4 kurze Ströme erforderlich sind und das Drucken und die Zurückführung des Typenrades auf den Nullpunkt fasst augenblicklich erfolgt. Bei dem übrigens sehr leistungsfähigen Typendrucktelegraphen von Hughes muss, wie die Erfahrung gezeigt hat, das Typenrad bei seiner Einstellung auf den zu telegraphirenden Buchstaben im Mittel 17 bis 18 Schritte machen, und überdies lässt sich bei diesem Typendrucker eine so grosse Telegraphirgeschwindigkeit nur erreichen, wenn der Telegraphirende im Fingersatze gehörig geübt sei. Der Schnelldrucker und der mit ihm arbeitende automatische Zeichengeber sind aber ausserdem noch in ihrer Bewegung von einander unabhängig, wogegen zwei Hughes-Apparate ohne Synchronismus in ihrer Bewegung nicht zusammen zu arbeiten vermögen.

In jüngster Zeit hat (nach Telegraph Journal, No. XXII, S. 44, vom 1. Januar 1874) W. C. Barney die Schwierigkeiten, welche sich in Folge der Ladung der (oberirdischen, unterirdischen oder unterseeischen) Linie auch in der automatischen Telegraphie dem schnellen Telegraphiren entgegenstellen, durch eine Einschaltungsweise zu überwinden versucht, welche, abgesehen von der Mitbenutzung von Rheostaten, einer bei uns seit fast 20 Jahren bekannten*) im höchsten Grade

---

*) Vgl. darüber: Polytechnisches Centralblatt, 1861, S. 561 und Zeitschrift des Deutsch-Oesterreichischen Telegraphen-Vereins, Jahrg. X, S. 174.

ähnelt. Barney legt nämlich auf der Empfangsstation und auf der telegraphirenden je eine Batterie mit dem Kupferpole an die Linie, mit dem Zinkpole an die Erde, so dass also die Linie für gewöhnlich (streng genommen, natürlich nur bei gut isolirter Linie und bei gleicher Stärke beider Batterien) stromfrei ist; wenn dann der Stromsender die Batterie der telegraphirenden Station kurz schliesst, bringt er die der Empfangsstation im Empfangsapparate zur Wirkung. Zu diesem Behufe nun verbindet Barney in der telegraphirenden Station den Kupferpol zugleich mit der Linie und der auf dem gelochten Streifen schleifenden Feder oder Drahtbürste, den Zinkpol dagegen zugleich mit der Erde und der als Unterlage für den gelochten Streifen dienenden Metallplatte, so dass die Batterie dieser Station kurz geschlossen wird, so oft die Feder oder Bürste durch die Löcher des Streifens hindurch die Platte berührt. Zwischen dem Zinkpol und der Metallplatte, wird jedoch auf der Empfangsstation noch ein Rheostat eingeschaltet, mittels dessen die Stromstärke der Batterie dieser Station regulirt werden soll. Wird als Empfänger ein chemischer Schreibapparat verwandt, dessen Schreibstift also beständig auf dem getränkten Papierstreifen ruht, so wird die Linie mit dem Kupferpole der Empfangsstation, der Zinkpol mit der Unterlagsplatte für den Streifen, der Schreibstift endlich mit der Erde verbunden. Bei Benutzung von Relais (Elektromagneten) dagegen werden diese in ganz ähnlicher Weise zwischen Linie und Erde eingeschaltet. Auch die Empfangsstation wird mit Rheostaten ausgerüstet; die Erdleitung wird von der Erdplatte zunächst an einen Rheostat geführt, welcher „die Erdströme und den schwachen Strom, welcher stets von der Erde zum Zinkpole einer Batterie geht, deren Kupferpol mit einer langen, isolirten und an ihrem Ende nicht zur Erde abgeleiteten Leitung verbunden ist," unschädlich machen soll; von diesem ersten Rheostat wird dann die Erdleitung weiter zu einem zweiten Rheostat geführt, welcher in eine Nebenschliessung zwischen den Schreibstift und die Unterlagsplatte für den getränkten Streifen gelegt ist und zur Regulirung des Stromzweiges bestimmt ist, welcher von der Batterie der Empfangsstation durch den getränkten Streifen hindurch gesendet werden soll, während der Ueberschuss durch den zweiten Rheostat geleitet wird; von dem zweiten Rheostaten endlich wird die Erdleitung zum Schreibstift weiter geführt. Barney benutzt ausserdem auf der Empfangsstation noch eine zweite Batterie, deren Kupferpol mit dem Schreibstifte durch eine Rheostaten-Nebenschliessung verbunden wird, während ihr Zinkpol mit jenem Drahte, welcher vom Schreibstifte zur Erde läuft, in Verbindung gesetzt wird und zwar zwischen dem Schreib-

stifte und den zweiten Rheostaten; diese zweite Batterie sendet demnach ihrer Einschaltung nach wohl einen entgegengesetzt gerichteten
Zweigstrom durch den getränkten Papierstreifen und soll dazu beitragen,
dass das Ende der Schriftzeichen scharf und kantig abgegrenzt ausfällt.

Zum Schluss nur noch eine kurze Mittheilung über die von der
amerikanischen Automatic Telegraph Company erzielten Leistungen
mittels automatischer Stromsender, welche den Werth der letzteren in
helles Licht stellen werden. Bei Eröffnung des letzten amerikanischen
Congresses wurde die 11 130 Wörter zählende Rede des Präsidenten
Grant von der Western Union Telegraph Company von Washington
nach Neuyork auf Morseapparaten gesendet und zwar auf acht Drähten
zugleich, wobei an jedem Ende jedes Drahtes ein Beamter arbeitete;
zur Beförderung dieser Rede waren dabei 70 Minuten erforderlich; es
wurden also im Durchschnitte stündlich 1192 Wörter*) auf einem Drahte
befördert. Die Automatic Telegraph Company wollte nun ihrerseits
ermitteln, in welcher Zeit sie diese Rede auf ihren automatischen Telegraphen hätte befördern können, welche im Versendungsapparate den
mittels eines Tastenlochers gelochten Streifen verwenden, auf der Empfangsstation dagegen die farbige Morseschrift elektrochemisch auf
einem Papierstreifen entstehen lassen. Vor Zeugen wurde daher dieselbe Rede auf einem einzigen Drahte, welcher die etwa 450 Kilometer
von einander entfernten Städte Washington und Neuyork verband, abtelegraphirt, und zwar wurden zur blossen telegraphischen Beförderung
45,5 Minuten verbraucht, während die Beförderungszeit einschliesslich
der zum Niederschreiben des Telegramms auf der Empfangsstation er-
fonderlichen Zeit 69 Minuten betrug. Dabei arbeiteten im ganzen 25
Personen, nämlich in Washington 1 Morsetelegraphist und 10 Personen,
welche die Streifen lochten, in Neuyork aber arbeiteten 1 Morsetelegraphist und 13 Schreiber, von denen jedoch überdies 2 oder 3 eine

---

*) Als mittlere stündliche Leistung für sechs auf einander folgende Tage des
Jahres 1868 und fünf beziehungsweise sechs Drähte des Neuyorker Western Union
Telegraphenamtes giebt F. L. Pope (in The Telegrapher, No. 441 vom 26. December 1874, S. 307) 977 Wörter für einen Draht mit Morseapparaten und 1273
Wörter für einen Draht mit Hughes Apparaten an. Ebenda legt Pope einer verglei-
chenden Berechnung der Beförderungsselbstkosten eines Telegramms 1368 und beziehungsweise 1738 Wörter als mit Morse und Hughes jetzt erreichbare Leistung
zu Grunde, für die automatische Beförderung aber 20 000 Wörter. Aus der Ver-
zinsung des Anlage-Kapitals, der Unterhaltung der Batterien und der Linien, dem
Aufwande für die Telegraphisten findet Pope 0,053 Dollars bei (einfacher) Beförderung mit Morse-Apparaten, 0,0101 Dollars bei automatischer Beförderung als
Selbstkostensatz für ein einfaches Telegramm.

Zeit lang unbeschäftigt blieben, sodass man noch einige Minuten hätte gewinnen können.

Die Automatic Telegraph Company schätzt nun das mittlere monatliche Gehalt eines amerikanischen Morsetelegraphisten auf 100 Dollars, das eines Schreibers oder Streifenlochers auf nur 40 Dollars und rechnet, dass die 16 Telegraphisten der Western Union Telegraph Company an den acht Leitungen monatlich 1600 Dollars kosten würden, dass dagegen für die 2 Morsetelegraphisten und die 23 Schreiber und Streifenlocher, welche an ihren automatischen Apparaten reichlich zur Bewältigung der nämlichen Arbeit genügen würden, monatlich nur 200+920 =1120 Dollars erforderlich sein würden. Man würde also abgesehen davon, das von jenen acht Drähten sieben erspart werden könnten, auch im Aufwande für die Beamten eine sehr wesentliche Ersparniss machen. Ein solche Ersparniss ermöglicht aber weiter eine Verminderung der Beförderungsgebühren, und eine solche macht sich denn auch bei Vergleichung der Gebührensätze der Automatic Telegraph Company und der Western Union Telegraph Company sehr bemerklich. Es kosten nämlich:

von Neuyork nach:	bei der Automatic Telegraph Company:	bei der Western Union Telegraph Company:
Trenton	20 Wörter 25 Cents.	20 Wörter 25 Cents.
Philadelphia	20 „ 25 „	20 „ 50 „
Baltimore	20 „ 25 „	20 „ 70 „
Washington . . .	20 „ 25 „	20 „ 70 „

Bei der Automatic Telegraph Company steigt die Beförderungsgebühr für jedes weitere Wort nach jeder der vier Städte nur um 1 Cent, bei der Western Union Telegraph Company beziehungsweise um 2 oder 3 Cents.